新手学
茶道与茶艺

茶道茗哥 ◎ 主编

U0320742

黑龙江科学技术出版社
HEILONGJIANG SCIENCE AND TECHNOLOGY PRESS

图书在版编目（CIP）数据

新手学茶道与茶艺 / 茶道茗哥主编. -- 哈尔滨：黑龙江科学技术出版社，2018.3（2022.1重印）

（恋上园艺茶艺）

ISBN 978-7-5388-9500-1

Ⅰ. ①新… Ⅱ. ①茶… Ⅲ. ①茶道－基本知识－中国 ②茶艺－基本知识－中国 Ⅳ. ①TS971.21

中国版本图书馆CIP数据核字(2018)第014817号

新 手 学 茶 道 与 茶 艺

XINSHOU XUE CHADAO YU CHAYI

主　　编	茶道茗哥	
责任编辑	焦　琰　张云艳	
摄影摄像	深圳市金版文化发展股份有限公司	
策划编辑	深圳市金版文化发展股份有限公司	
封面设计	深圳市金版文化发展股份有限公司	
出　　版	黑龙江科学技术出版社	

地址：哈尔滨市南岗区公安街70-2号　邮编：150007

电话：（0451）53642106　传真：（0451）53642143

网址：www.lkcbs.cn

发　　行	全国新华书店
印　　刷	深圳市雅佳图印刷有限公司
开　　本	723 mm×1020 mm　1/16
印　　张	12
字　　数	160千字
版　　次	2018年3月第1版
印　　次	2018年3月第1次印刷　2022年1月第2次印刷
书　　号	ISBN 978-7-5388-9500-1
定　　价	35.00元

目录 CONTENTS

第一章 茶文化与茶道

第二章 中国十大名茶

第三章 绿茶

第四章　红茶

第五章　黄茶

第六章　白茶

第七章　黑茶

第八章　乌龙茶

第九章 花茶

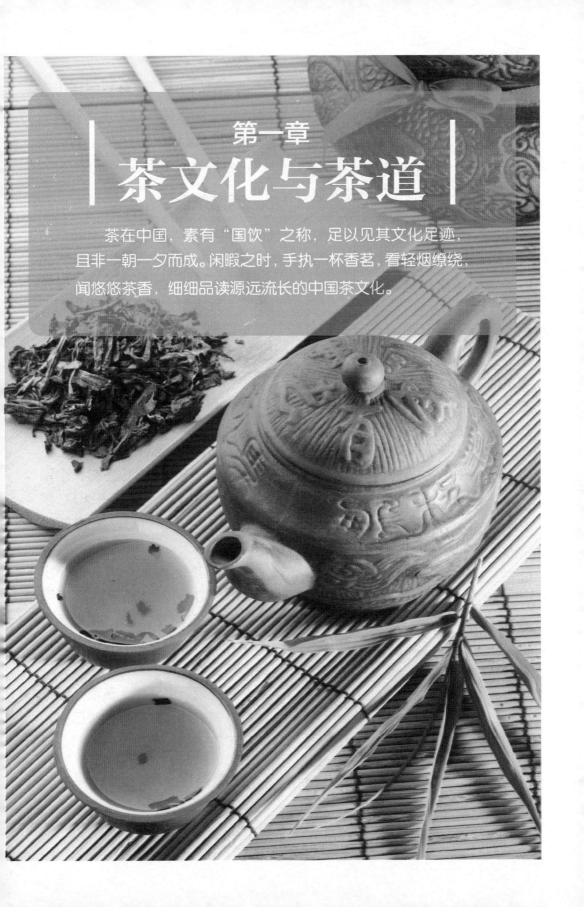

第一章
茶文化与茶道

茶在中国，素有"国饮"之称，足以见其文化足迹，且非一朝一夕而成。闲暇之时，手执一杯香茗，看轻烟缭绕，闻悠悠茶香，细细品读源远流长的中国茶文化。

四大茶区

中国茶区根据生态环境、茶树品种、茶类结构分为四大茶区，即华南茶区、西南茶区、江南茶区、江北茶区。

华南茶区

华南茶区包括福建东南部、台湾、广东中南部、广西南部、云南南部及海南。华南茶区茶树品种主要为大叶类品种，小乔木型和灌木型中小叶类品种亦有分布，生产茶类品种有乌龙茶、工夫红茶、红碎茶、绿茶、花茶等。

华南茶区气温为四大茶区最高，年均气温在20℃以上，一月份平均气温多高于10℃，不低于10℃积温在6500℃以上，无霜期300天以上，年极端最低气温不低于-3℃。

华南茶区雨水充沛，年降水量为1200—2000毫米，其中夏季占50%以上，冬季降雨较少。茶区的土壤以砖红壤为主，部分地区也有红壤和黄壤分布，土层深厚，有机质含量丰富。

西南茶区

西南茶区包括云南中北部、广西北部、贵州、四川、重庆及西藏东南部。西南茶区茶树品种丰富，乔木型大叶类和小乔木型、灌木型中小叶类品种都有，生产茶类品种有工夫红茶、红碎茶、绿茶、黑茶、花茶等，是中国发展大叶种红碎茶的主要基地之一。

西南茶区地形复杂，气候变化较大，平均气温在15.5℃以上，最低气温一般在-3℃左右，个别地区可达-8℃。不低于10℃积温在4000—5800℃，无霜期为200—340天。

西南茶区雨水充沛，年降水量为1000—1200毫米，但降雨主要集中在夏季，冬、春季雨量偏少，如云南等地常有春旱现象。西南茶区的土壤类型多，主要有红壤、黄红壤、褐红壤、黄壤、红棕壤等，有机质含量较其他茶区高，有利于茶树生长。

江南茶区

江南茶区包括湖南、江西、

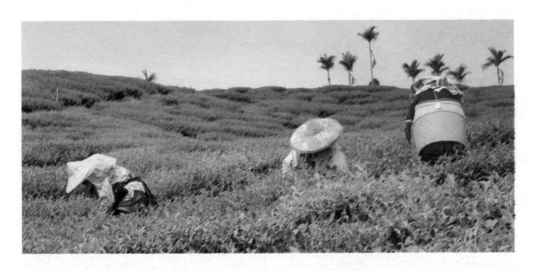

浙江、湖北南部、安徽南部、江苏南部。江南茶区茶树品种以灌木型为主，小乔木型也有一定的分布，生产茶类有绿茶、乌龙茶、白茶、黑茶、花茶等。

江南茶区地势低缓，年均气温在15.5℃以上，极端最低气温多年平均值不低于-8℃，但个别地区冬季最低气温可降到-10℃以下，茶树易受冻害。不低于10℃积温为4800—6000℃，无霜期230—280天。夏季最高气温可达40℃以上，茶树易被灼伤。

江南茶区雨水充足，年均降雨量1400—1600毫米，有的地区年降雨量可高达2000毫米以上，以春、夏季为多。茶区的土壤以红壤、黄壤为主，部分地区有黄褐土、紫色土、山地棕壤和冲积土，有机质含量较高。

◎ 江北茶区

江北茶区包括甘肃南部、陕西南部、河南南部、山东东南部、湖北北部、安徽北部、江苏北部。江北茶区茶树品种主要是抗寒性较强的灌木型中小叶种，生产茶类主要为绿茶。

江北茶区大多数地区的年平均气温在15.5℃以上，不低于10℃积温为4500—5200℃，极端最低温为-10℃，个别年份极端最低气温可降到-20℃，易造成茶树严重冻害，无霜期200—250天。

江北茶区年降水量较少，在1000毫米以下，且分布不均，其中春、夏季降雨量约占一半。茶区的土壤以黄棕壤为主，也有黄褐土和山地棕壤，pH值偏高，质地黏重，常出现黏盘层，肥力较低。

七大茶类

◎ 不发酵茶——绿茶

绿茶，又称不发酵茶，是以适宜茶树的新梢为原料，经过杀青、揉捻、干燥等传统工艺制成的茶叶。由于干茶的色泽和冲泡后的茶汤、叶底均以绿色为主调，因此称为绿茶。

中国绿茶中，名品最多，如西湖龙井、洞庭碧螺春、黄山毛峰、信阳毛尖等。

◎ 全发酵茶——红茶

红茶在绿茶的基础上经过发酵而成，即以适宜的茶树新芽为原料，经过杀青、揉捻、发酵、干燥等工艺制作而成。制成的红茶其鲜叶中的茶多酚减少90%以上，新生出茶黄素、茶红素以及香气物质等成分。因其干茶的色泽和冲泡的茶汤以红色为主调，故名红茶。

◎ 后发酵茶——黑茶

作为一种利用菌发酵方式制成的茶叶，黑茶属后发酵茶，基本工艺是杀青、揉捻、渥堆和干燥四道工序。按照产区的不同和工艺上的差别，黑茶可分为湖南黑茶、湖北老青茶、四川边茶和滇桂黑茶。

◎ 半发酵茶——乌龙茶

乌龙茶，又名青茶，属半发酵茶类，基本工艺过程是晒青、晾青、摇青、杀青、揉捻、干燥，以其创始人苏龙（绰号乌龙）而命名。乌龙茶结合了绿茶和红茶的制法，其品质特点是既具有绿茶的清香和花香，又具有红茶醇厚的滋味。

◎ 轻发酵茶——黄茶

人们在炒青绿茶的过程中发现，由于杀青、揉捻后干燥不足或不及时，叶色会发生变黄的现象，黄茶的制法也就由此而来。

黄茶属于发酵茶类，其杀青、揉捻、干燥等工序，与绿茶制法相似，关键差别就在于闷黄的工序。大致做法是，将杀青和揉捻后的茶叶用纸包好，或堆积后以湿布盖之，促使茶坯在水热作用下进行非酶性的自动氧化，形成黄色。

◎ 轻微发酵茶——白茶

白茶属于轻微发酵茶，是我国茶类中的特殊珍品，因其成品茶多为芽头、满披白毫、如银似雪而得名。白茶为福建的特产，主要产区在福鼎、政和、松溪、建阳等地。基本工艺是萎凋、烘焙（或阴干）、拣剔、复火等工序。白茶的制法既不破坏酶的活性，又不促进氧化作用，因此具有外形芽毫完整、满身披毫、毫香清鲜、汤色黄绿清澈、滋味清淡回甘的品质特点。

◎ 再加工茶——花茶

花茶，又称熏花茶、香花茶、香片，是中国特有的香型茶。花茶始于南宋，已有千余年的历史，最早出现在福州。它是利用茶叶善于吸收异味的特点，将有香味的鲜花和新茶一起闷，待茶将香味吸收后再把干花筛除，花茶乃成。

关于"茶"的知识

◎ "茶"音溯源

大体而言，在唐代之前人们大多把茶称为"荼"，其间也用过其他字形，直到中唐以后，"茶"字才成为官方的统一称谓。

最早的时候，人们用"荼"字作为茶的称谓。但是，"荼"字有多种含义，易发生误解；而且，"荼"是形声字，"艹"字头说明它是草本植物，不合茶是木本植物的身份。《尔雅》一书中，开始尝试着借用"槚"字来代表茶树，但"槚"的原义是指楸、梓之类树木，用来指茶树也会引起误解。所以，在"槚（jiǎ），苦荼"的基础上，又造出一个"搽"字，读"chá"的音，用来代替原先的"槚""荼"。到了陈隋之际，出现了"茶"字，改变了原来的字形和读音，多在民间流行使用。直到唐代陆羽《茶经》之后，"茶"字才逐渐流传开来，运用于正式场合。

茶传到国外后，世界各国最初对茶的称呼都是从中国对外贸易所在地广东、福建一些地区的"茶"的方言音译而来的。因茶叶输出地区发音有区别，各国的茶字读音也随之不同，大致可分为依北方音"cha"和厦门音"te"两大系统。例如，土耳其 cay/chay、印度 chai、英国 tea、美国 tea、法国 the、意大利 te。

◎ 关于"茶"的字形演变

在中国古代，表示茶的字有多个，"其字，或从草，或从木，或草木并。其名，一曰茶，二曰槚，三曰设，四曰茗，五曰荈。"由于茶是木本植物，在《尔雅·释木》之中，为其正名"槚，即茶"。后来，《魏王花木志》中说："茶，叶似栀子，可煮为饮。其老叶谓之藓，嫩叶谓之茗。"直到唐代陆羽第一次在《茶经》中使用统一的"茶"字之后，才渐渐流行开来。

甲骨文 → 大篆 → 小篆 → 草篆 → 隶书 → 楷书

◉ "茶"的雅号别称

在唐代以前，"茶"字还没有出现。《诗经》中有"荼"字，《尔雅》称茶为"槚"，《方言》称"蔎"（shè），《晏子春秋》称"茗"，《凡将篇》称"荈（chuǎn）"，《尚书·顾命篇》称"诧"。

另外，古时的茶是一物多名，在陆羽的《茶经》问世之前，茶还有一些雅号别称，如水厄、酪奴、不夜侯、清友、玉川子、涤烦子等。后来，随着各种名茶的出现，往往以名茶的名字来代称"茶"字，如"龙井""乌龙""大红袍""雨前"等。

图说茶事

shuǐ è
水 厄

晋代司徒长史王蒙嗜茶，常请客人陪饮。士大夫将拜访王蒙戏称"水厄"，而"厄"有灾难之意。

bù yè hóu
不夜侯

不夜侯，源于晋代张华的《博物志》。因茶有提神醒目之功，故而称其为"侯"。

qīng yǒu
清 友

清友源自宋代苏易简的《文房四谱》。因苏易简把茶当成清雅质朴的好友，故称"清友"。

茶叶有哪些营养成分

◎ 生物碱

　　生物碱主要有咖啡因、茶碱和可可碱三种。其中，咖啡因含量较高，是一种中枢神经兴奋剂，可以提神，且在人体正常饮用剂量下，不会有致病、致癌和突变的危险。

◎ 酚类衍生物质

　　酚类衍生物质为可溶性化合物，它主要由儿茶素类化合物、黄酮类化合物、花青素和酚酸组成，其中又以儿茶素类化合物含量最高。它的功效很多，如防止血管硬化、动脉粥样硬化以及降血脂、消炎抑菌、防辐射、抗癌、抗突变等。

◎ 维生素类物质

　　茶叶的维生素 C 含量很高，能增强抵抗力，促进伤口愈合，防治维生素 C 缺乏症；维生素 E 可以阻止人体脂质的过氧化，具有抗衰老功效；维生素 K 可以促进肝脏合成凝血素。要想从茶中摄取足够的维生素，其实相当简单，只要每天饮用 5 杯茶就可以了。

◎ 氨基酸

　　其中以茶氨酸的含量最高。氨基酸是人体必需的营养成分，如谷氨酸能降低血氨、治疗肝昏迷，蛋氨酸能调节脂肪代谢等。

◎ 矿物质

　　茶叶中含有多种矿物质，且多数对人体健康有益。其中，微量元素氟的含量极高，可有效预防蛀牙。

茶叶有哪些保健效果

◎ 保护牙齿

茶叶中含有氟，氟离子与牙齿的钙质有很大的亲和力，二者结合成一种较难溶于酸的"氟磷灰石"，可以提高牙齿的防酸能力。

◎ 提神健脑

茶叶中的咖啡碱能促使人体中枢神经兴奋，增强大脑皮质的兴奋过程，起到提神益思、清心的效果。

◎ 预防流感

茶叶中的儿茶素具有抑制流感病毒活性的作用，坚持用茶水漱口可有效地预防流感。春秋季节是流感易发作的时期，流感病毒主要附着在鼻子和嗓子中突起的黏膜细胞上，而且不断增殖，从而致人生病。经常用茶水漱口，儿茶素能够覆盖在突起的黏膜细胞上，防止流感病毒和黏膜结合并杀死病毒。

◎ 保护心脏

据研究表明，每天至少喝一杯茶可使心脏病发作的危险降低44%。喝茶之所以有如此功效，可能是因为茶叶中含有大量类黄酮和维生素等可使血细胞不易凝结成块的天然物质。

◎ 防治动脉粥样硬化

研究认为，饮茶防治动脉粥样硬化与茶多酚、维生素、氨基酸等成分有关，尤其是茶多酚类对脂肪代谢起到了重要的作用。茶中的多酚类物质能防止血液和肝脏中的胆固醇及烯醇类和中性脂肪的积累，能够防止动脉和肝脏硬化。另外，茶色素也具有很好的防治动脉粥样硬化的效果。因为茶色素具有对抗纤维蛋白原对血的凝固作用，一定数量的茶色素能使纤维蛋白原失去凝血功能。

此外，茶叶中的类固醇能调节脂肪代谢，从而降低血液中的胆固醇，进而防治动脉粥样硬化。茶叶中的维生素 C、维生素 B_1、叶酸、泛酸、肌醇等，都有防治动脉粥样硬化的作用。

泡茶常用茶具介绍

茶盘

茶盘，也叫茶船。茶盘用以盛放茶杯或其他茶具，还盛接泡茶过程中流出或倒掉的茶水。茶盘有竹制品、塑料制品、不锈钢制品等，形状有方形、圆形、长方形等多种。

茶荷

茶荷又称"茶碟"，是用来放置已量定的备泡茶叶，同时兼可放置观赏用样茶的茶具，材质一般为瓷质或竹质，好的瓷质茶荷本身就是一件高雅的工艺品。

茶则

茶则是茶道六用之一，量器的一种。茶则为盛茶入壶之用具，更可以作为度量茶叶的量器以保证注入适量的茶叶。茶则是茶与壶的桥梁。

茶夹

茶夹又称"茶筷"，温杯时拿它来夹着茶杯洗杯，防烫又卫生。此外，还可以用茶夹将茶渣从茶壶中夹出。

茶匙

茶匙又称"茶扒"，因其形状像汤匙所以称茶匙，其主要用途是挖取泡过的茶壶内的茶叶。茶叶冲泡过后，往往会紧紧塞满茶壶，加上一般茶壶的口都不大，用手挖出茶叶既不方便也不卫生，故可使用茶匙。

◎ 杯托

杯托又名杯垫，用来放置茶杯、闻香杯，防止杯里或底部的水溅湿桌子。杯托有许多种，一般是木、竹、瓷等质地。与品茗杯配套使用，也可以随意搭配。使用后的杯托要清洗干净，并于通风处晾干。

◎ 品茗杯

品茗杯的种类、大小应有尽有，但喝不同的茶应该用不同的品茗杯。近年来更流行边喝茶边闻茶香的闻香杯。杯面香，杯底香，香气入鼻、入口。品茗用杯，可随着泡的茶种不同而有变化。

◎ 水盅

水盅是一种小型瓷缸，用来装温热茶具后不要的水和冲泡完的茶叶、茶梗，俗称"废水缸"，其体积小于茶盘。算是品茗时的"无名英雄"，缺少它便无法施展泡茶的真功夫，无法去芜存菁。

◎ 汤滤

汤滤就像滤网，是用于过滤茶汤用的器物，多由金属、陶瓷、竹木或葫芦瓢制成。使用时常架设在公道杯或茶杯杯口，发挥过滤茶渣的作用；不用时则安置在滤网架上。

◎ 茶壶

茶壶在唐代以前就有了。唐代人把茶壶称"注子"，其意是指从壶嘴里往外倾水。茶壶为主要的泡茶容器，主要是用来实现茶叶与水的融合，茶汤再由壶嘴倾倒而出。按质地分，茶壶一般以陶壶为主，此外还有瓷壶、银壶、石壶等。

◎ 茶巾

茶巾又称"涤方"，以棉麻等纤维制成，主要作为揩抹溅溢茶水的清洁用具来擦拭茶具上的水渍、茶渍，吸干或拭去茶壶、茶杯等茶具侧面、底部的残水，还可以托垫在壶底。

如何搭配茶具

据茶叶品种选配茶具

"器为茶之父"，可见要想泡好茶，就要根据不同的茶叶用不同的茶具。

一般来说，泡花茶时，为保香可选用有盖的杯、碗或壶；饮乌龙茶，重在闻香啜味，宜用紫砂茶具冲泡；饮用红碎茶或工夫茶，可用瓷壶或紫砂壶冲泡，然后倒入白瓷杯中饮用；冲泡西湖龙井、洞庭碧螺春、黄山毛峰、庐山云雾茶等细嫩的绿茶，以保持茶叶自身的嫩绿为贵，可用玻璃杯直接冲泡，也可用白瓷杯冲泡。杯子宜小不宜大，其中玻璃材料密度高、硬度好，具有很高的透光者为佳，可以看到杯中轻雾缥缈，茶汤澄清碧绿，芽叶亭亭玉立、上下浮动；此外，冲泡红茶、绿茶、乌龙茶、白茶、黄茶，使用盖碗也是可取的。

从工艺花茶的特性出发，可以选择适宜绿茶、花茶沏泡的玻璃茶具，如西式高脚杯。选用这种杯子取其径大、壁深与收底的特征，使花茶在杯内有良好的稳定性，并适合冲泡后花朵展开时间较长的工艺花茶。选用透明度极高、晶莹剔透的优质大口径短壁玻璃杯，

其造型上矮胖一些，适宜冲泡后花朵横向展开的工艺花茶。

据饮茶场合选配茶具

茶具的选配一般有"特别配置""全配""常配""简配"四个层次。

参与国际性茶艺交流、全国性茶艺比赛、茶艺表演时，茶具的选配要求是最高的，称为"特别配置"。这种配置讲究茶具的精美、齐全、高品位，必备的茶具件数多、分工细，求完备不求简洁，求高雅不粗俗，文化品位极高。

某些场合的茶具配置以齐全、满足各种茶的泡饮需要为目的，只是在器件的精美、质地要求上较"特别配置"略微低些，通常称为"全配"。如昆明九道茶是云南昆明书香门第接待宾客的饮茶习俗，所用茶具包括一壶、一盘、一罐和四个小杯。

台湾沏泡工夫茶一般选配紫砂小壶、品茗杯、闻香杯组合、茶池、茶海、茶荷、开水壶、水方、茶则、茶叶罐、茶盘和茶巾，这属于"常配"。

如果在家里招待客人或自己饮用，用"简配"就可以。

如何选购和保养茶壶

茶壶的一般选购标准

选择茶壶，好坏标准有四字诀，曰："小、浅、齐、老。"茶壶有二人罐、三人罐、四人罐等分别，以孟臣、铁画轩、秋圃、尊圃、小山、袁熙生等制造的最受珍视。壶的式样很多，有小如桔子、大似蜜柑者，也有瓜形、柿形、菱形、鼓形、梅花形、六角形、栗子形等，一般多用鼓形的，取其端正浑厚之意。

壶的色泽也有很多种，朱砂、古铁、栗色、紫泥、石黄、天青等，还有一种壶身银砂闪烁、朱粒累累，俗称之抽皮砂，最为珍贵。但不管款式、色泽如何，最重要的是"宜小不宜大，宜浅不宜深"，因为大就不"工夫"了。所以用大茶壶、中茶壶、茶鼓、茶筛、茶档等冲泡的茶，哪怕是用 100 元

一两的茶叶，也不能算是工夫茶。至于深浅则关系气味，浅能酿味，能留香，不蓄水，这样茶叶才不易变涩。

除大小、深浅外，茶壶最讲究的是"三山齐"，这是品评壶的好坏的最重要标准。方法是：把茶壶去盖后覆置在桌子上（最好是很平的玻璃上），如果壶滴嘴、壶口、壶提柄三件都平，就是"三山齐"了。这是关系到壶的品相和质量问题，所以最为讲究。"老"主要是看壶里所积成的"茶渣"多寡。当然，"老"字的讲究还有很多，例如什么朝代出品，古老历史如何，什么名匠所制成，经过什么名家所品评过等。但那已经不是用一般茶壶的问题，而是属于玩古董的问题了。

以下是选壶的几个要点：

01 美感

茶壶毕竟是自己使用的，所以在选择茶壶的造型及外观方面，只要依个人喜好、个人感受选择便可，最重要是自己看着舒服满意。

02 出水

壶的出水效果与"流"的设计息息相关，倾壶倒水而壶里滴水不存则为佳。至于出水态势，则可刚可柔，但出水无劲不顺却是缺点。出水水束的"集束段"则以长者为佳。

03 壶味

在选购新壶时，应嗅一嗅壶中味，有些新壶也许会略带瓦味，这倒还可选用，但若带火烧味或其他杂味，如油味或人工着色味则不足取了。

04 质地

泡茶用的壶，一般是以砂为主，因为砂器具吸水性且不透光，外型较瓷器浑厚亲和，在上面提款也别具韵味，所以砂壶比瓷壶更受欢迎。至于茶壶的品质，主要是以胎骨坚、色泽润为佳。

05 重心

一把壶提起来是否顺手，与壶把的力点是否位于或接近于壶身受水时的重心有关系。测定方法是：注水入壶约壶身的 3/4 处，然后水平提起再慢慢倾壶倒水，若觉顺手则佳。亦可将干壶轻放水面，如能受水半升，谓之"水平"。

06 精密

壶的精密度是指壶盖与壶身的紧密程度，密合度愈高愈好。

07 适用

壶音频率较高的茶壶，宜配泡重香气的茶；壶音稍低者宜配泡重滋味的茶。

🏵 茶壶的保养方法

茶壶的保养，俗称养壶。由于很多人都习惯使用紫砂壶，而紫砂壶的保养又十分讲究，在茶壶保养方面具有代表性，故在此着重介绍。

养壶的方法有很多，首要的一条就是要小心使用，保持壶的完整。除此之外，需要注意以下事项：

新壶的保养：新壶使用前，用洁净无异味的锅盛上清水，再抓一把茶叶，连同紫砂壶放入锅中煮。沸后，继续用文火煮上半个小时至1个小时。要注意锅中茶汤容量不得低于壶面，以防茶壶烧裂；或者等茶汤煮沸后，将新壶放在茶汤中浸泡2个小时，然后取出茶壶，让其在干燥、通风而又无异味的地方自然阴干。用这种方法养壶，不仅可除去壶中的土味，而且有利于壶的滋养。

平时喝茶，可以用干净毛巾擦拭新壶，不要将茶汤留在壶面，否则久而久之壶面上会堆满茶垢，擦拭以后会有浮光，这种品相玩家比较忌讳。一把养好的壶，应该呈"黯然"之色，这种光泽应该是"内敛"的。

喝完茶后，新壶最好不要留茶叶，倾倒洗净。虽然紫砂壶确实有隔夜不馊的特点，但隔夜的茶，会有陈汤味。单从卫生来讲，紫砂壶终究不是"保险箱"，而且茶泡后放置10小时后再喝是对身体不好的。

旧壶的保养：旧壶在泡茶前，先用沸水烫一下；饮完茶后，将茶渣倒掉，并用热水涤去残汤，保持壶的清洁。另外，对新壶或旧壶来说，都应经常清洁壶面，并常用手或柔软的布料擦拭，这样有利于焕发紫砂泥质的滋润光滑，使手感变得更好。而且长此以往，会使品茶者和壶之间产生一种自然的情感，平添品茗的无限情趣。

如何选购茶叶

◎ 选购茶叶的一般标准

怎么选择上好的茶叶、选择哪种茶叶尤其重要，下面介绍茶叶选购相关常识。

● 检查茶叶的干燥度

以手轻握茶叶微感刺手、轻捏会碎的茶叶，表示茶叶干燥程度良好，茶叶含水量在5%以下。

● 观察茶叶叶片整齐度

茶叶叶片形状、色泽整齐均匀的较好，茶梗、簧片、茶角、茶末和杂质含量比例高的茶叶，一般会影响茶汤品质。

● 试探茶叶的弹性

以手指捏叶底，一般以弹性强者为佳，表示茶菁幼嫩，制做得宜；而触感生硬者为老茶菁或陈茶。

● 检验发酵程度

红茶是全发酵茶，叶底以呈鲜艳红色为佳；清香型乌龙茶及包种茶为轻度发酵茶，叶在边缘锯齿稍深位置呈红边，其他部分呈淡绿色。

● 看茶叶外观色泽

带有油光宝色或有白毫的乌龙及部分绿茶为佳。茶叶的外形条索则随茶叶种类而异，如龙井呈剑片状，红茶呈细条或细碎形。

● 闻茶叶香气

绿茶有清香，乌龙茶有熟果香，红茶有焦糖香，花茶则有强烈香气。如茶叶中有油臭味、焦味、火味、闷味或其他异味者为劣品。

● 尝茶滋味

以少苦涩味、带有甘滑醇味，能让口腔有充足的香味或喉韵者为好茶。苦涩味重、陈旧味或火味重者，则绝非佳品。

● 观茶汤色

一般绿茶呈蜜绿色，红茶呈鲜红色，白毫乌龙呈琥珀色，冻顶乌龙呈金黄色，包种茶呈蜜黄色。

● 看泡后茶叶叶底

冲泡后很快展开的茶叶，多是粗老之茶，条索不紧结，泡水薄，茶汤多平淡无味。冲泡后叶面不展开的茶叶是已放置一段时间的陈茶。

◉ 分清新茶与陈茶

当年采摘的新叶加工而成的茶叶称为新茶,非当年采制的茶叶为陈茶。可以通过以下几个方式来区分新茶与陈茶:

看色泽

茶叶在储藏的过程中,构成茶叶色泽的物质会在光、气、热的作用下发生分解或氧化,失去原有色泽。如新绿茶色泽青翠碧绿,汤色黄绿明亮;陈茶则叶绿素分解、氧化,色泽变得枯灰,汤色黄褐不清。

捏干湿

取一两片茶叶用大拇指和食指稍微用劲一捏,能捏成粉末的就是足干的新茶。

闻茶香

构成茶香的醇类、酯类、醛类等特质会不断挥发和缓慢氧化,时间越久,茶香越淡,会使新茶的清香馥郁变成陈茶的低闷浑浊。

品茶味

茶叶中的酚类化合物、氨基酸、维生素等构成滋味的特质会逐步分解、挥发、缩合,使滋味醇厚鲜爽的新茶变成淡而不爽的陈茶。

◉ 鉴别春茶

历代文献都有"以春茶为贵"的说法,这是由于春季温度适中,雨量充沛,加上茶树经头年秋冬季的休养,使得春茶芽叶硕壮饱满,色泽润绿,条索结实,身骨重实,所泡的茶浓醇爽口,香气高长,叶质柔软,汤色橙黄明亮,无杂质。

◉ 鉴别夏茶

夏季炎热,茶树新梢芽叶迅速生长,使得能溶解于水的浸出物含量相对减少,因此夏茶的茶汤滋味没有春茶鲜爽,香气不如春茶浓烈,反而增加了带苦涩味的花青素、咖啡喊、茶多酚的含量。从外观上看,夏茶叶肉薄且多紫芽,还夹杂着少许青绿色的叶子。

◎ 鉴别秋茶

秋天温度适中，且茶树经过春夏两季生长、采摘，新梢内物质相对减少。从外观上看，秋茶多丝筋，身骨轻飘。所泡成的茶汤淡，味平和、微甜，叶质柔软，单片较多，叶张大小不一，茎嫩，含有少许铜色叶片。

◎ 鉴别高山茶与平地茶

高山茶和平地茶的生态环境有很大的差别，除了茶叶的形态不同，茶叶的质地也有很大差别。

高山茶的外形肥壮紧实，色泽翠绿，茸毛较多，节间长，鲜嫩度良好，成茶有特殊的花香味，条索紧实肥硕，茶骨较重，茶汤味道浓稠，冲泡时间长；平地茶一般叶子短小，叶底硬薄，茶叶表面平展，呈黄绿色没有光泽，成茶香味不浓郁，条索瘦长，茶骨相对于高山茶较轻，茶汤滋味较淡。

◎ 鉴别真茶与假茶

真茶和假茶，一般都是通过眼看、鼻闻、手摸、口尝的方法来综合判断。

鉴别真茶与假茶方法

眼看：绿茶呈深绿色，红茶色泽乌润，乌龙茶色泽乌绿，则为真茶。若茶叶颜色不一，可能为假茶。	鼻闻：如果茶叶的茶香很纯，没有异味，则为真茶；如果茶叶茶香很淡，异味较大，则为假茶。	手摸：真茶一般摸上去紧实圆润，假茶比较疏松；真茶用手掂量会有沉重感，而假茶则没有。	口尝：冲泡后，真茶的香味浓郁醇厚，色泽纯正；假茶香气很淡，颜色略有差异，没有茶滋味。

如何保存茶叶

◎ 罐装储存

选用装糕点或者其他食品的金属听、箱、罐、盒，或铁或铝或纸及纸制品，或方或圆或扁或不规则形，将干燥的茶叶装入袋中，再放入罐中，此法简便，取亦方便。

其实一般的茶叶市场上都可以买到铁罐，铁罐在质地上没有什么区别，造型却很丰富：方的、圆的、高的、矮的、多彩的、单色的，而且在茶叶罐上还有精美的绘画，大多都是跟茶相关的绘画，可以根据自身需求进行选择。

◎ 热水瓶储存

热水瓶储存法是一种很实用的茶叶储存法，一般家庭用的热水瓶就可以，但是保暖性能一定要好。

在储存之前要检查一下热水瓶的保温性能，如果热水瓶不保温则不能使用。选择好热水瓶后，将干燥的茶叶装入瓶内，切记一定要装充足，尽量减少瓶内的空间。装好茶叶后，将瓶口用软木塞盖紧，然后在塞子的边缘涂上白蜡封口，再用胶布裹上，主要目的是防止漏气。

◎ 食品袋储存

食品袋储存法是指用食品塑料袋储存茶叶的方法。先准备一些洁净没有异味的白纸、牛皮纸和没有缝隙的塑料袋。用白纸将茶叶包好，再包上一张牛皮纸，接着装入塑料食品袋中，然后用手轻轻挤压，将袋中的空气排出，用细绳子将袋口捆紧；然后再将另一只塑料食品袋套在第一只袋外面，用和第一个袋子同样的方法将空气挤出，再用细绳子把袋口扎紧。然后将茶包放入干燥无味、密闭性好的铁筒中储存。

◎ 木炭密封储存

木炭密封储存法是利用木炭的吸潮性储存茶叶的方法，这个方法也是比较常用的，总体来说效果还是很不错的。

先要将木炭处理一下，再将木炭放入火盆中烧起来，然后用铁锅立即覆盖上，将火熄灭。之后将木炭晾干后，用干净的白布把木炭包起来；将茶叶分包装好，放入瓦缸或小口铁箱中，然后将包裹好的木炭放入即可。

如何选择泡茶用水

◉ 古代择水标准

● 水要甘甜洁净

古人认为泡茶的水首要就是洁净，只有洁净的水才能泡出没有异味的茶，而甘甜的水质会让茶香更加出色。宋代蔡襄在《茶录》中说道："水泉不甘，能损茶味。"赵佶的《大观茶论》中说过："水以清轻甘洁为美。"

● 水要鲜活清爽

古人认为水质鲜活清爽会使茶味发挥更佳。明代张源在《茶录》中指出："山顶泉清而轻，山下泉清而重，石中泉清而甘，砂中泉清而冽。流于黄石为佳，泻出青石无用。真源无味，真水无香。"

● 适当的贮水方法

古代的水一般都要储存起来备用，如果在储存中出现差错，会使水质变味，影响茶汤滋味。明代许次纾在《茶疏》中指出："水性忌木，松杉为甚，木桶贮水，其害滋甚，洁瓶为佳耳。"

◉ 古人论水

中国古代的茶典中，有很多关于泡茶用水的论著，这些茶典中不仅有水质好坏和茶的关系的论述，还有对水品做分类的著作。

比较著名的是茶圣唐代陆羽的著作《茶经》中的"五之煮"、唐代张又新的《煎茶水记》、宋代欧阳修的《大明水记》、宋代叶清臣的《述煮茶小品》、明代徐献忠的《水品》、田艺蘅的《煮泉小品》以及清代汤蠹仙的《泉谱》等。

古代文人墨客靠品尝排出了煮茶之水的等级。陆羽将煮茶的水分为三等：泉水为上等，江水为中等，井水为下等；其中又将泉水分为九等。陆羽提到的天下第一泉共有七处，分别是济南的趵突泉、镇江的中泠泉、北京的玉泉、庐山的谷帘泉、峨眉山的玉液泉、安宁的碧玉泉、衡山的水帘洞泉。天下第九泉乃淮水源，地处鄂豫交界桐柏山北麓，河南桐柏县（唐代属山南东道唐州）境内。陆羽在荆楚大地沿江淮、汉水流域进行访茶品泉期间，曾前往桐柏县品鉴过淮水源头之水，并评为"天下第九佳水"。

◎ 现代水质标准

现代科学越来越发达，人们的生活品质也在不断提高，对水质的要求也提出了新的指标。现代科学对水质提出了以下四个指标：

感官指标

水的色度不能超过 15 度，而且不能有其他异色；浑浊度不能超过 5 度，水中不能有肉眼可见的杂物，不能有臭味、异味。

化学指标

微量元素的要求为：铁不能超过 0.3 毫克 / 升，锰不能超过 0.1 毫克 / 升，铜不能超过 1.0 毫克 / 升，锌不能超过 1.0 毫克 / 升，氧化钙不能超过 250 毫克 / 升，挥发酚类不能超过 0.002 毫克 / 升，阴离子合成洗涤剂不能超过 0.3 毫克 / 升。

毒理学指标

水中的氟化物不能超过 1.0 毫克 / 升，氰化物不能超过 0.05 毫克 / 升，砷不能超过 0.04 毫克 / 升，镉不能超过 0.01 毫克 / 升，铬不能超过 0.5 毫克 / 升，铅不能超过 0.1 毫克 / 升。

细菌指标

每 1 毫升水中的细菌含量不能超过 100 个；每 1 升水中的大肠菌群不能超过 3 个。

◎ 现代硬水、软水之分

水的软、硬取决于水中钙、镁矿物质的含量，硬水是指含有较多钙、镁化合物的水。硬水分为暂时硬水和永久硬水，暂时硬水在煮沸之后就会变为软水，而永久硬水经过煮沸也不会变为软水。

硬水是相对于软水而言的，生活中一般不使用硬水。饮用硬水不会对健康造成直接危害，但是长期饮用会造成肝胆或肾结石。如果用硬水泡茶，茶汤的表面会有一层明显的"锈油"，茶的滋味会大打折扣，茶色也会变得暗淡无光。

软水就是指不含或含很少可溶性钙、镁化合物的水，天然软水包括江水、河水、湖水等。

日常生活中，人们通过将暂时硬水加热煮沸，使水中的碳酸氢钙或碳酸氢镁析出不溶于水的碳酸盐沉淀，从而获得软水作为家庭洗澡、洗衣服的专门用水。生活中使用的水一般都是软水，软水可以提高洗涤效果；可以有效清洁皮肤、抑制真菌、促进细胞组织再生。但由于所含的矿物质过少，不适合长期饮用。

◉ 天然水

　　是指构成自然界地球表面各种形态的水相，包括江河、海洋、冰川、湖泊、沼泽、泉水、井水等地表水以及土壤、岩石层内的地下水等。这些水中既有淡水也有咸水，其中淡水大约占天然水的2.7%。天然水的化学成分很复杂，含有很多可溶性物质、胶体物质、悬浮物，例如盐类、有机物、可溶性气体、硅胶、腐殖酸等。

　　一般来说，没有被污染的天然水都是可以用来泡茶的，尤其以泉水、井水、雪水为佳。

◉ 自来水

　　是指将天然水通过自来水处理净化、消毒后生产出的符合国家饮用水标准的水，以供人们生活、生产使用。家庭中可以直接将自来水用于洗涤，但饮用时一般都要煮沸。

　　自来水的来源主要是江河湖泊和地下水，水厂用取水泵将这些水汲取过来，将其沉淀、消毒、过滤等，使这些天然水达到国家饮用水标准，然后通过配水泵站输送到各个用户。凡达到我国卫生部制定的饮用水卫生标准的自来水，都适于泡茶。

◎ 纯净水

纯净水的水质清纯，没有任何有机污染物、无机盐、添加剂和各类杂质，这样的水可以避免各类病菌入侵人体。纯净水一般采用离子交换法、反渗透法、精微过滤等方法来进行深度处理。纯净水将杂质去除之后，原水只有50%—75%能被利用。

纯净水的优点是安全、溶解度高、与人体细胞亲和力强，能有效促进人体的新陈代谢。虽然纯净水在除杂的同时，也将对人体有益的微量元素分离出去了，但是对人体的微量元素吸收并无太大妨碍。

◎ 活性水

活性水，也称为脱气水，就是指通过特定工艺使水中的气体减掉一半，使其具有超强的生物活性的水。活性水的表面张力、密度、黏性、导电性等物理性质都发生了变化，因此它很容易就能穿过细胞膜进入细胞，渗入量是普通水的好几倍。

活性水可以利用加热、超声波脱气、离心去气等方法制作而成。活性水包括磁化水、矿化水、高氧水、离子水、自然回归水、生态水等。

◎ 净化水

净化水就是将自来水管网中的红虫、铁锈、悬浮物等杂物除掉的水。净化水可以降低水的浑浊度、余氧和有机杂质，并可以将细菌、大肠杆菌等微生物截留。

净化水的原理和处理工艺一般包括粗滤、活性炭吸附和薄膜过滤三级系统。在净水过程中，要注意经常清洗净水器中的粗滤装置，常常更换活性炭，否则，时间久了，净水器内胆中就会有污染物堆积，滋生细菌，不仅起不到净化水的作用，反而会进一步污染水。

◎ 矿泉水

矿泉水含有一定量的矿物盐、微量元素或二氧化碳气体。相对于纯净水来说，矿泉水含有多种微量元素，对人体健康有利。

从国家标准看，矿泉水按照特征可分为偏硅酸矿泉水、锶矿泉水、锌矿泉水、锂矿泉水、硒矿泉水、溴矿泉水、碘矿泉水、碳酸矿泉水以及盐类矿泉水九大类；按照矿化度可分为低矿化度、中矿化度、高矿化度三种；按照酸碱性可分为强酸性水、酸性水、弱酸性水、中性水、弱碱性水、碱性水以及强碱性水七大类。

泡茶要素和程序有哪些

◎ 泡茶四要素

泡一杯好茶并非易事，涉及茶、水、茶具、时间、环境等因素，只有掌握好这些因素，才能泡出好茶。综合起来，泡好一壶茶主要有四大要素：第一是茶水比例，第二是冲泡水温，第三是冲泡时间，第四是冲泡次数。

● 茶水比例

茶叶用量应根据不同的茶具、不同的茶叶等级而有所区别，一般而言，水多茶少，滋味淡薄；茶多水少，茶汤苦涩不爽。因此，细嫩的茶叶用量要多；较粗的茶叶，用量可少些，即所谓"细茶粗吃""精茶细吃"。

● 冲泡水温

冲泡水温是指将水烧开后，再让其冷却到所需的温度。如果是无菌的生水，只要烧到所需的水温就可以。一般来说，泡茶水温的高低，与茶中可溶于水的浸出物的浸出速度相关。水温越高浸出速度越快，在相同的冲泡时间内，茶汤的滋味也就越浓。

● 冲泡时间

茶叶冲泡的时间差异很大，这主要是与茶叶种类、泡茶水温、用茶数量和饮茶习惯等有关，不可以一概而论。为了获取一杯鲜爽甘醇的茶汤，对一般的红茶、绿茶而言，头泡茶以冲泡 3 分钟左右饮用为好。

● 冲泡次数

一般茶冲泡第一次时，茶中的可溶性物质能浸出 50%—55%；冲泡第二次时，能浸出 30% 左右；冲泡第三次时，能浸出约 10%；冲泡第四次时，只能浸出 2%—3%，几乎是白开水了。所以，通常以冲泡三次为宜。

◉ 一般的泡茶程序

泡茶用水都得煮开，以自然降温的方式来达到控温的效果。不同的茶类有不同的冲泡方法，即使是同一种茶类也可能有不同的冲泡方法。但不管是哪一类茶，其泡茶程序都大致相同，具体冲泡次序如下：

温具

用热水冲淋茶壶，包括壶嘴、壶盖，同时烫淋茶杯。随即将茶壶、茶杯沥干。主要是为了提高茶具温度，使茶叶冲泡后温度相对稳定。

置茶

按茶壶或茶杯的大小，置一定数量的茶叶入壶。

冲泡

置茶后，按照茶与水的比例，将开水冲入壶中。冲水时，除乌龙茶冲水需溢出壶口、壶嘴外，其余通常以冲水八分满为宜。

奉茶

奉茶时，主人需面带笑容，最好用茶盘托着送给客人。如果直接用茶杯奉茶，放置客人处，手指并拢伸出，以示敬意。

赏茶

如果是高级名茶，那么茶叶一经冲泡后，则不可急于饮茶，应先观色赏形，接着端杯闻香，再啜汤赏味。

家庭茶艺 ❦

◎ 家庭泡绿茶

1. 洗净茶具

茶具可以是瓷杯子，也可以是透明玻璃杯子，透明的杯子更加便于欣赏绿茶的外形和质量。

2. 赏茶

在品茶前，要先观察茶叶的色泽和形状，感受名茶的优美外形和工艺特色。

> 龙井、碧螺春等适合上投法，黄山毛峰、庐山云雾等适合中投法，六安瓜片、太平猴魁等适合下投法。

3. 投茶

投茶有上投法、中投法和下投法三种，根据不同的茶选用不同的投法。

4. 泡茶

一般用 80—90℃ 的水冲泡茶。

> 茶饮至 1/3 时，需续水，饮至"三泡茶"时，味道渐淡，可重新换茶叶。

5. 品茶

在品茶时，适合小口慢慢吞咽，让茶汤在口中与舌头充分接触，要鼻舌并用，品出茶香。

◎ 家庭泡红茶

1. 洗净茶具

将泡茶用的水壶、杯子等茶具用水清洗干净。

2. 投茶

如用杯子，放入 3 克左右的红茶即可；如用茶壶，则参照 1∶50 的茶和水的比例。

> 红茶和绿茶一样，一般在冲泡 2—3 次后，就要重新投茶叶；如果是红碎茶，则只适合冲泡 1 次。

3. 冲泡

需用沸水，冲水约至八分满，冲泡 3 分钟左右即可。

4. 闻香观色

泡好后，先闻一下它的香气，然后观察茶汤的颜色。

5. 品茶

待茶汤冷热适口时，慢慢小口饮用，用心品味。

6. 调饮

在红茶汤中加入调料一同饮用，常见调料有糖、牛奶、柠檬片、蜂蜜等。

◎ 家庭泡乌龙茶

1. 准备茶具

准备好茶壶、茶杯、茶船等泡茶工具，并清洗干净。

以沸水冲刷壶盖，既可提高壶的温度，又可起到清洗茶壶的作用。

2. 投茶

投茶量要按照茶水 1：30 的比例，投在茶壶中。

3. 冲泡

将沸水冲入茶壶中，到壶满即可，用壶盖将泡沫刮去，冲水时要用高冲，可以使茶叶迅速流动，使茶味出得快；将盖子盖上，用开水浇茶壶。

4. 斟茶

茶在泡过大约 2 分钟后，均匀地将茶低斟在各茶杯中。斟过之后，将壶中剩余的茶水在各杯中点斟。

"一杯苦，二杯甜，三杯味无穷"，这是乌龙茶品饮时独有的味道。

5. 品饮

小口慢饮，可以品味其"香、清、甘、活"的特点。

◎ 家庭泡黑茶

1. 选择茶具

一般来说，泡普洱茶要用腹大的陶壶或紫砂壶，由于普洱茶浓度高，这样可以避免茶泡得过浓。

泡普洱砖茶时，如果撬开放置约 2 周后再冲泡，味道会更美。

2. 投茶

在冲泡时，茶叶分量约占壶身的 1/5。

3. 冲泡

普洱茶的浓度高，具有耐泡的特性，一般可以续冲 10 次以上。

开水冲入后随即倒出来，湿润浸泡即可；第二泡时，冲入滚烫的开水，浸泡 15 秒即倒出茶汤来品尝；为中和茶性，可将第二、第三泡的茶汤混着喝。第四次以后，每增加一泡浸泡时间增加 15 秒钟，以此类推。

4. 品饮

普洱茶是一种以味道带动香气的茶，香气藏在味道里，感觉较沉。

◎ 家庭泡黄茶

1. 准备茶具 ●

用瓷杯子和玻璃杯子都可以，玻璃杯子最好，可以欣赏茶叶冲泡时的形态变化。

2. 赏茶

观察茶叶的形状和色泽。

3. 投茶

将3克左右的黄茶投入准备好的杯子中。

4. 泡茶 ●

泡茶的开水要在 70℃ 左右，在投好茶

茶具清洗干净后，要将杯子中的水珠擦干，样可以避免茶叶因为吸水而降低茶叶的竖立率。

泡茶时，茶叶在经过数次浮动后，最后个个竖立，称为"三起三落"，这是黄茶独有的特色。

的杯子中先快后慢地注入开水，大约到 1/2 处即可，待茶叶完全浸透，再注入八分的水即可。待茶叶迅速下沉时，加上盖子，约 5 分钟后，将盖子去掉。

5. 品茶

在品饮时，要慢慢啜饮，这样才能品味其茶香。

◎ 家庭泡白茶

1. 准备茶具

在选择茶具时，最好用直筒形的透明玻璃杯。

2. 赏茶

在冲泡之前，要先欣赏一下茶叶的形状和颜色，白茶的颜色为白色。

3. 投茶

白茶的投茶量大约 2 克即可。

因为白茶没有经过揉捻，所以茶汁很难浸出，滋味比较淡，茶汤也比较清，茶香相较其他茶叶没有那么浓烈。

4. 冲泡 ●

一般用 70℃ 的开水，先在杯子中注入

少量的水，大约淹没茶叶即可，待茶叶浸润大约 10 秒后，用高冲法注入开水。

5. 品饮

待茶泡大约 3 分钟后即可饮用，要慢慢、细细品味才能体会其中的茶香。

◎ 家庭泡花茶

1. 准备茶具

品饮花茶一般用带盖的瓷杯或盖碗。

2. 赏茶

欣赏花茶的外形，花茶中有干花，外形值得一赏。

3. 投茶

将 3 克左右花茶投入茶杯中。

4. 冲泡

高档的花茶，最好用玻璃杯子，用 85℃左右的水冲泡；中低档花茶，适宜用瓷杯，用 100℃的沸水冲泡。

花茶将茶香与花香巧妙地结合在一起，无论是视觉还是嗅觉都会给人以美的享受。

5. 品饮

在茶泡制 3 分钟后即可饮用。在饮用前，先闻香，将盖子揭开，花茶的芳香立刻溢出，香味宜人，神清气爽。品饮时将茶汤在口中停留片刻，以充分品尝、感受其香味。

◎ 家庭泡袋装茶

袋装茶的泡法简单易行，一般情况下，一包袋装茶适合冲泡一次，第二次的茶味就会变得极淡，茶香也没有了。

1. 准备茶具

袋装茶对茶具要求不高，只要是一般的瓷杯或是玻璃杯即可。

2. 预热茶杯

在杯子中注入少量开水，摇晃杯子，待杯子变得温热，将开水倒掉。

3. 注水

在预热过的杯子中加入七八分的开水。水量要根据个人的口味来定，喜欢浓茶可以减少水量，喜欢淡茶可以多加些水。

4. 投茶

取一袋茶，用手提着线，将茶袋顺着杯子一边缓缓滑入杯子中，盖上盖子闷大约 5 分钟。

5. 品饮

时间到后，将盖子拿开，抽出茶包即可饮用。

品茶应注意什么

◎ 空腹时不宜喝茶

我国自古就有"不饮空心茶"之说。茶叶大多属于寒性，空腹喝茶，会使脾胃感觉凉，产生肠胃痉挛，而且茶叶中的咖啡碱会刺激心脏。如果空腹喝茶，对心脏的刺激作用更大。因此心脏病患者尤其不能空腹喝茶。

喝茶是为了吸收茶叶中的营养元素，如果因为空腹喝茶而使身体机能造成损伤，就失去了喝茶的意义，因此不要空腹喝茶。

◎ 过烫的茶不宜喝

古人云："烫茶伤五内。"这说明，烫茶对人的健康有害。

太烫的茶水对人的喉咙、食管和胃的刺激较强，如果长期喝烫茶，容易导致这些器官的组织增生，产生病变，甚至诱发食管癌等恶性疾病。所以，喜欢喝过烫的茶对健康有害，不能饮用过烫的茶水。

◎ 喝茶不宜过量

一般来说，健康的成年人，若平时有饮茶的习惯，一日饮茶 6—10 克，分两三次冲泡较适宜。吃油腻食物较多、烟酒量大的人，也可适当增加茶叶用量。

如果喝茶过量，会影响人体健康，主要有以下 3 个方面的危害。

1. 茶叶中的咖啡碱等在体内堆积过多，容易损害神经系统。

2. 茶叶中所含的利尿成分会对肾脏器官造成很大压力，影响肾功能。

3. 受茶叶中的兴奋物质影响，使人处于高度亢奋状态，影响睡眠。

◎ 隔夜茶不能喝

从营养的角度来看，隔夜茶因为时间过久，茶中的维生素 C 已丧失，茶多酚也已经氧化减少；从卫生的角度来看，茶汤暴露在空气中，易被微生物污染，且含有较多的有害物质，放久了易滋生腐败性微生物，使茶汤发馊变质。

尽管隔夜茶没有太大的害处，但一般情况下还是随泡随饮的好。

◎ 新炒的茶不宜喝

新茶指摘下不足一个月的茶，形、色、味上乘，品饮起来确实是一种享受。但新茶不宜常饮，因新茶存放时间短，多酚类、醇类、醛类含量较多，常饮容易导致腹痛、腹胀等。且新茶中含有活性较强的鞣酸、咖啡因等，饮后容易引起神经系统高度兴奋，产生四肢无力、冷汗淋漓和失眠等"茶醉"现象，因此不宜常饮。

◎ 女性在五个时期喝茶要谨慎

虽然饮茶有多种保健作用，但对女性而言，并非任何情况下饮茶对身体都有好处。处在这五个时期的女性不宜饮茶：

行经期　女性经期大量失血，应在经期或经期后补充些含铁丰富的食品。而茶叶中含有30%以上的鞣酸，它在肠管中较易同食物中的铁结合，产生沉淀，阻碍肠黏膜对铁的吸收和利用。

怀孕期　茶叶中的咖啡碱，会加剧孕妇的心跳速度，增加孕妇的心、肾负担，增加排尿，从而诱发妊娠中毒，不利于胎儿的健康发育。

临产期　临产期饮茶，茶中的咖啡因会引起孕妇心悸、失眠，导致体质下降，严重时导致分娩产妇精疲力竭、阵缩无力，造成难产。

哺乳期　茶中的鞣酸会被胃黏膜吸收，而后进入血液循环，从而产生收敛作用，抑制产妇乳腺的分泌。

更年期　更年期妇女头晕、乏力，还会睡眠不定或失眠、月经功能紊乱。常饮茶，会加重这些症状，不利于妇女顺利度过更年期，有害身心健康。

第二章
中国十大名茶

　　中国茶叶的历史悠久，在这其中涌现出了无数优秀茶品，使得中国茶在国际上享有很高声誉，在这其中，就数中国十大名茶最为出名。

　　中国十大名茶是由 1959 年全国"十大名茶"评比会所评选，包括西湖龙井、洞庭碧螺春、黄山毛峰、庐山云雾茶、六安瓜片、君山银针、信阳毛尖、武夷岩茶、安溪铁观音、祁门红茶。以下将为大家分别介绍中国十大名茶。

西湖龙井

绿茶

西湖龙井以"色绿、香郁、味醇、形美"著称，堪称我国第一名茶。杭州西湖湖畔的崇山峻岭中常年云雾缭绕，气候温和，雨量充沛，加上土壤结构疏松、土质肥沃，非常适合龙井茶的种植。龙井茶炒制时分"青锅""辉锅"两个工序，炒制手法很复杂，一般有抖、带、甩、挺、拓、扣、抓、压、磨、挤十大手法。

西湖龙井知于唐代，发展于南北宋时期，然而真正为普通百姓熟知，是在明代。西湖龙井以"狮（峰）、龙（井）、云（栖）、虎（跑）、梅（家坞）"排列品第，西湖龙井享受"国家礼品茶"的最高礼遇，位居中国十大名茶之首。

产地

浙江杭州西湖的狮峰、龙井、五云山、虎跑、梅家坞等地。

茶叶特点

外形：挺直削尖，扁平挺秀，成朵匀齐，色泽翠绿。

气味：清香幽雅。

手感：细柔平滑。

香气：清高持久，香馥若兰。

汤色：杏绿青碧，清澈明亮。

口感：香郁味醇、甘鲜醇和，品饮后令人齿颊留香、甘泽润喉、回味无穷。

叶底：嫩绿，匀齐成朵，芽芽直立，栩栩如生。

功效

1.提神健脑：龙井茶中的咖啡因能使人的中枢神经系统兴奋起来。

2.排毒瘦身：龙井茶中的茶多酚和维生素C可以有效降低人体胆固醇和血脂，而且咖啡因、叶酸和芳香类物质等多种化合物可以很好地调节人体脂肪代谢，因此可以有效地排毒瘦身。

3.防癌抗癌：龙井茶中的茶多酚、儿茶素等成分具有非常好的杀菌作用，能抑制血管老化，可以降低癌症的发生率。

储存

西湖龙井极易受潮变质，所以采用密封、干燥、低温冷藏最佳。常用的保存方法是将龙井包成500克一包，放入缸中（缸的底层铺有块状石灰）加盖密封收藏。为使得龙井茶的香气更加清香馥郁，滋味更加甘鲜醇和，需避免阳光直射，低温保存。

冲泡

茶具：玻璃杯、公道杯、过滤网、茶荷、茶匙、茶巾、品茗杯各一。

玻璃杯　茶荷　公道杯　品茗杯　过滤网　茶匙　茶巾

1 烫杯

采用回旋斟水法，用热
水烫洗玻璃杯。

2 净杯

左手托杯底，右手拿杯，
逆时针回旋一周。

3 温公道杯

将水倒入公道杯中，稍
冲泡片刻。

4 温品茗杯

将水倒入品茗杯中稍洗
杯，再将水倒掉。

5 投茶

用茶匙把茶荷中的茶叶
拨入玻璃杯中。

6 润茶

水倒入杯中七分满，使茶芽舒展后将水倒掉。

7 冲水

在冲水时利用手腕力量使水壶三起三落，充分击打茶叶，激发茶性。

8 出汤

将茶汤倒入放有过滤网的公道杯中。

9 分茶

取下过滤网，将公道杯中的茶分入品茗杯中。

◎冲泡提示

1. 特级龙井可以不洗茶。

2. 西湖龙井不宜用沸水冲泡，否则会将茶叶烫熟，从而影响色泽、口味等。

3. 西湖龙井最好用玻璃杯冲泡，这样就能看清茶在水中翻落沉浮的过程。

10 敬茶

向客人介绍西湖龙井汤鲜绿、味鲜醇、香鲜爽，令人赏心悦目的特色。

洞庭碧螺春

绿茶

洞庭碧螺春以形美、色艳、香浓、味醇闻名中外，具有"一茶之下，万茶之上"的美誉，盛名仅次于西湖龙井。对于碧螺春之茶名由来，有两种说法：一种是康熙帝游览太湖时，品尝后觉香味俱佳，因此取其色泽碧绿，卷曲似螺，春时采制，又得自洞庭碧螺峰等特点，钦赐其美名；另一种则是由一个动人的民间传说而来，说的是为纪念美丽善良的碧螺姑娘，而将其亲手种下的奇异茶树命名为碧螺春。

碧螺春一般分为7个等级，芽叶随级数越大，茸毛越少。只有细嫩的芽叶，巧夺天工的手艺，才能形成碧螺春色、香、味俱全的独特风格。

产地

江苏省苏州市洞庭山。

茶叶特点

外形：芽白毫卷曲成螺，叶显青绿色，条索纤细，色泽碧绿。

气味：清香淡雅，带花果香。

手感：紧细，略有粗糙质感。

香气：色淡香幽，鲜雅味醇。

汤色：碧绿清澈。

口感：鲜醇甘厚，鲜爽生津，入口香郁回甘。

叶底：叶底幼嫩，均匀明亮，翠芽微显。

功效

1.利尿作用：碧螺春茶中的咖啡碱和茶碱具有利尿作用，用于治疗水肿、水潴留。

2.减肥作用：碧螺春茶中的茶碱、肌醇、叶酸、泛酸和芳香类物质等多种化合物能调节脂肪代谢。茶多酚和维生素C能降低胆固醇和血脂,所以饮茶能减肥。

3.清热解毒：碧螺春含有脂多糖的游离分子、氨基酸、维生素等，有清热解毒的作用。

储存

传统碧螺春的贮藏方法是用纸包住茶叶，再与袋装块状石灰间隔放于缸中，进行密封处理。现在更多采用三层塑料保鲜袋，将碧螺春分层扎紧，隔绝空气，或用铝箔袋密封后放入10℃的冰箱里冷藏，可长达一年，其色、香、味犹如新茶。

冲泡

茶具：盖碗、玻璃杯、过滤网、茶荷、茶匙、茶巾、品茗杯各一。

玻璃杯　茶荷　盖碗　品茗杯　过滤网　茶匙　茶巾

1 温盖碗

将开水倒入盖碗中，用以清洁，并提高盖碗温度。

2 倒水

将温烫过盖碗的水温烫玻璃杯。

3 凉水

将 100℃ 左右的沸水再次倒入盖碗中，至七分满，稍凉至 80℃。

4 投茶

用茶匙将碧螺春投入盖碗中。

5 洗茶

往盖碗中倒入温水，清去茶毛，再将水倒掉。

6 弃水

将盖碗中的水倒掉，不用。

7 冲水
沿着盖碗四周，冲入开水，至七分满。

8 静置
将盖碗的盖子盖上，静置三分钟。

9 出汤
将盖碗中的茶汤倒入放好过滤网的玻璃杯中。

10 分茶
将玻璃杯中的茶汤分入已洗好的品茗杯中。

11 鉴赏
端起品茗杯，观赏茶汤色淡清澈，银毫闪烁。

◎ 冲泡提示
1. 饭前、饭后半小时不能喝茶。
2. 头遍冲泡的茶水不能喝。
3. 感冒、生理期、怀孕的人不能喝茶，2岁以下的小孩儿也不宜饮用。

12 品饮
饮一口茶汤，入口芳香宜人，回味甘甜。

祁门红茶

红茶

工夫红茶是中国特有的红茶。祁门红茶是中国传统工夫红茶中的珍品。祁门红茶以外形苗秀，色有"宝光"和香气浓郁而著称，享有盛誉。祁门红茶于1875年创制，有百余年的生产历史，是中国传统出口商品，也被誉为"王子茶"，还被列为我国的国事礼茶，与印度的大吉岭红茶、斯里兰卡的乌瓦红茶并称为"世界三大高香茶"。

祁门红茶的品质超群，与其优越的自然生态环境条件是分不开的。祁门多山脉，峰峦叠嶂、山林密布、土质肥沃、气候温润，而茶园所在的位置有天然的屏障，有酸度适宜的土壤，丰富的水分，因此能培育出优质的祁门红茶。

产地

安徽省祁门县，石台、东至、黟县、贵池等县也有少量生产。

茶叶特点

外形：条索紧细纤秀，乌黑油润。

气味：馥郁持久，纯正高远。

手感：细碎零散，略显轻盈。

香气：带兰花香，清香持久。

汤色：红艳透明。

口感：醇厚回甘，浓醇鲜爽，带有蜜糖香味。

叶底：叶底嫩软，鲜红明亮。

功效

1.消炎杀菌：祁门工夫红茶中儿茶素类能与单细胞的细菌结合，使蛋白质凝固沉淀，借此抑制和消灭病原菌。

2.养胃护胃：红茶是经过发酵烘制而成的，不仅不会伤胃，反而能够养胃。经常饮用加糖、加牛奶的祁门工夫红茶，能消炎、保护胃黏膜，对治疗溃疡也有一定效果。

3.抗癌：研究发现祁门工夫红茶同绿茶一样，同样有很强的抗癌功效。

储存

选用干燥、无异味、密闭的陶瓷坛，用牛皮纸包好茶叶，分置于坛的四周，中间放石灰袋一个，上面再放茶叶包，装满坛后用棉花包盖紧。石灰隔1—2个月更换一次。这样可利用生石灰的吸湿性能，使茶叶不受潮，效果较好。

冲泡

茶具：玻璃茶壶、茶匙、茶荷、过滤网、茶巾、品茗杯各一。

茶巾　茶荷　茶匙　过滤网

玻璃茶壶

品茗杯

1 温壶

将开水倒入玻璃茶壶中，有助于提高壶的温度。

2 温品茗杯

将玻璃茶壶中的水倒入品茗杯中稍洗杯。

3 弃水

将品茗杯中的水倒掉，不用。

4 投茶

用茶匙将祁门工夫茶从茶荷中拨入玻璃茶壶中。

5 高冲

用悬壶高冲法将沸水冲入玻璃茶壶，此法可使滋味更纯。

6 出汤

将过滤网取出，留在玻璃茶壶中的即是泡好的茶汤。

7 分茶

将玻璃茶壶中的茶汤分入品茗杯中。

◎冲泡提示

1. 祁门工夫茶以 8 月份茶最鲜，味道最佳，可加糖饮用。

2. 祁门工夫茶十分细紧挺秀，冲泡时不用洗茶，可直接冲泡饮用。

8 品饮

将品茗杯中的茶汤细细品尝，入口。

安溪铁观音

乌龙茶

安溪铁观音，又称红心观音、红样观音，闻名海内外，被视为乌龙茶中的极品，且跻身于中国十大名茶之列，以其香高韵长、醇厚甘鲜而驰名中外，并享誉世界，尤其是在日本市场，两度掀起"乌龙茶热"。

安溪铁观音可用具有"音韵"来概括。"音韵"是来自铁观音特殊的香气和滋味。有人说，品饮铁观音中的极品——观音王，有超凡入圣之感，仿佛羽化成仙。"烹来勺水浅杯斟，不仅余香舌本寻。七碗漫夸能畅饮，可曾品过铁观音？"铁观音名出其韵，贵在其韵，领略"音韵"乃爱茶之人一大乐事，只能意会，难以言传。

产地

福建省安溪市。

茶叶特点

外形：肥壮圆结，色泽砂绿、光润。

气味：有天然兰花香。

手感：结实，有颗粒感，略粗糙。

香气：茶香馥郁清高，鲜灵清爽，香高
　　　持久。

汤色：金黄浓艳。

口感：醇厚甘鲜，清爽甘甜，入口余味
　　　无穷。

叶底：沉重匀整，青绿红边，肥厚明亮。

功效

1.解毒消食、去油腻：茶叶中有一种叫黄酮的混合物，具杀菌解毒作用。

2.美容减肥、抗衰老：医学研究表明，铁观音含有儿茶素等多种营养成分，具有较强的抗氧化活性，可有效消除细胞中的活性氧分子，从而使人体抗衰老，免受疾病的侵害。

3.防癌增智：安溪铁观音的含硒量很高，在六大茶类中位居前列。因为硒能刺激免疫蛋白及抗体抵御患病，因此安溪铁观音也有抑制癌细胞发生和发展的作用。

储存

安溪铁观音要低温、密封或真空贮藏，还要降低茶叶的含水量，这样可以在短时间内保证安溪铁观音的色、香、味。低温保存是将茶叶保存空间的温度经常保持在5℃以下，使用冷藏库或冷冻库保存茶叶，少量保存时可使用电冰箱。

冲泡

茶具：盖碗、公道杯、茶匙、茶荷、过滤网各一个，品茗杯三个。

1 温盖碗

将开水倒入盖碗中，用以清洁，并提高盖碗温度。

2 温公道杯

将温烫过盖碗的水倒入公道杯中，稍冲泡片刻。

3 温品茗杯

将温烫过公道杯的水倒入品茗杯中稍洗杯，再将水倒掉。

5 洗茶

倒入适量温水浸润茶叶，以使紧结的茶球泡松。

4 投茶

用茶匙将安溪铁观音从茶荷中投入盖碗中。

6 弃水

将润过茶叶的水倒出盖碗，不用。

7 冲水

打开盖子，往盖碗中冲入沸水至七分满，以冲泡茶叶。

8 分茶

取下过滤网，将公道杯中的茶汤分入品茗杯中。

9 出汤

将盖碗中的茶汤倒入放有过滤网的公道杯中。

◉ 冲泡提示

1.空腹不饮，否则会感到饥肠辘辘，头晕欲吐。

2.睡前不宜饮用，否则难以入睡。

3.冷茶不饮，冷茶性寒，对胃不利。

10 品饮

将品茗杯端起，观赏茶汤，并细细品尝。

六安瓜片

绿茶

六安瓜片，又称片茶，为绿茶特有茶类，是通过独特的传统加工工艺制成的形似瓜子的片形茶叶。六安瓜片不仅外形别致，制作工序独特，采摘也非常精细，是茶中不可多得的精品，更是我国绿茶中唯一去梗、去芽的片茶。因其外形完整，光滑顺直，酷似葵花子，又因产自六安一带，故称"六安瓜片"。

六安瓜片历史悠久，文化内涵丰厚，早在唐代，陆羽《茶经》中便有"潞州六安（茶）"之称。六安瓜片在明代成为贡茶，《六安州志》记载："茶之精品，明朝始入贡。"

产地

安徽省六安市。

茶叶特点

外形：叶缘向外翻卷，呈瓜子状，单片不带梗芽，色泽宝绿，起润有霜。

气味：清香高爽，馥郁如兰。

手感：纹路清晰，略粗糙。

香气：醇正甘甜，香气清高。

汤色：嫩黄明净，清澈明亮。

口感：鲜爽醇厚，清新幽雅。

叶底：嫩黄，厚实明亮。

功效

1.抗菌：六安瓜片中的儿茶素对细菌有抑制作用，同时又不会影响肠管内有益细菌，因此具有抗菌的功效。

2.防龋齿、清口臭：六安瓜片含有氟，其中儿茶素可以抑制生龋菌作用，减少牙菌斑及牙周炎的发生。茶中所含的单宁酸，具有杀菌作用，能阻止食物渣屑繁殖细菌，故可以有效防止口臭。

储存

贮藏六安瓜片时，可先用铝箔袋包好后放入密封罐，必要时也可放入干燥剂，加强防潮。然后将六安瓜片放置在干燥、避光的地方，不要靠近带强烈异味的物品，且不能被挤压，最好置于冰箱的冷藏室里冷藏保存。

冲泡

茶具：盖碗、公道杯、过滤网、茶荷、茶匙、品茗杯各一。

公道杯　茶荷　盖碗　品茗杯　过滤网

茶匙

1 温盖碗

将80℃温水倒入盖碗内，以提高盖碗的温度。

2 温公道杯

将温烫过盖碗的水倒入公道杯中，稍冲泡片刻。

3 温品茗杯

将温烫过公道杯的水倒入品茗杯中稍洗杯。

4 弃水

将品茗杯中的水倒掉，不用。

5 投茶

用茶匙将六安瓜片从茶荷中投入盖碗中。

6 冲水

将80℃的温水沿盖碗杯沿的一边倒入，覆盖茶叶，至七分满。

7 静置

盖上盖碗的盖子，静置2分钟稍闷泡，使茶叶舒展。

8 出汤

取过滤网放在公道杯上，将茶汤倒入公道杯中。

9 分茶

将公道杯中的茶汤分入品茗杯中。

10 鉴赏

将品茗杯端起来，看茶汤，细细品赏。

◎冲泡提示

①水温控制在 80—90℃ 为宜。②润茶时间控制在 30 秒左右。

黄山毛峰

绿茶

由于"白毫披身，芽尖似峰"，黄山毛峰故其名曰"毛峰"。传说中，如果用黄山上的泉水烧热来冲泡黄山毛峰，热气会绕碗边转一圈，转到碗中心就直线升腾，约有一尺高，然后在空中转一圆圈，化成一朵白莲花。那白莲花又慢慢上升化成一团云雾，最后散成一缕缕热气飘荡开来。这便是白莲奇观的故事。

1955年，黄山毛峰以其独特的"香高、味醇、汤清、色润"，被誉为茶中精品，于是被评为"中国十大名茶"之一；1986年，黄山毛峰被外交部选为外事活动礼品茶，成为国际友人和国内游客馈赠亲友的佳品。

产地

安徽歙县黄山汤口、富溪一带。

茶叶特点

外形：细嫩稍卷，形似"雀舌"，色似象牙，嫩匀成朵，片片金黄。

气味：馥郁如兰，清香扑鼻。

手感：紧细而不平整。

香气：清鲜高长，韵味深长。

汤色：绿中泛黄，清碧杏黄，汤色清澈明亮。

口感：浓郁醇和、滋味醇甘。

叶底：肥壮成朵，厚实鲜艳，嫩绿中带着微黄。

功效

1.抗菌、抑菌作用：黄山毛峰茶中的茶多酚和鞣酸作用于细菌，能凝固细菌的蛋白质，将细菌杀死，可用于治疗肠管疾病。

2.减肥作用：黄山毛峰茶中的茶碱、肌醇、叶酸、泛酸和芳香类物质等多种化合物能调节脂肪代谢，茶多酚和维生素C能降低胆固醇和血脂，所以饮茶能减肥。

3.防龋齿作用：茶中含有氟，能变成较难溶于酸的"氟磷灰石"，从而提高了牙齿防酸抗龋能力。

储存

需将黄山毛峰放在密封、干燥、低温、避光的地方，以避免茶叶中的活性成分氧化加剧。家庭贮藏黄山毛峰时多采用塑料袋进行密封，再将塑料袋放入密封性较好的茶叶罐中，于阴凉、干爽处保存。这样也能较长时间保持住茶叶的香气和品质。

冲泡

茶具：盖碗、公道杯、茶荷、茶匙、过滤网、茶巾各一，品茗杯三个。

1 温盖碗

将开水倒入盖碗中，用以清洁，并提高盖碗温度。

2 温公道杯

将温烫过盖碗的水倒入公道杯中，以提高公道杯温度。

3 温品茗杯

将公道杯中的水逐一倒入品茗杯中温烫，再将水倒掉。

5 冲水

沿着盖碗杯沿的一边冲入开水，冲至三分满。

4 投茶

用茶匙将黄山毛峰投入盖碗中。

6 摇香

拿起盖碗，轻轻摇动，将香气充分散发。

7 再次冲水

沿着盖碗杯沿的一边冲入开水，冲至七分满。

8 出汤

将过滤网放公道杯上，将茶汤倒入公道杯中。

◉冲泡提示

①浓淡适宜，茶与水的重量比为 1：80。

②应用 80—90℃的开水冲泡，使茶水绿翠明亮，香气纯正、滋味甘醇。

③一壶的冲泡次数不宜过多，一般 3 到 4 次为好。

9 分茶

取下滤网，将公道杯中的茶汤分入品茗杯中。

10 品饮

饮一口茶汤，入口甘醇。

庐山云雾

绿茶

庐山云雾茶是庐山的地方特产之一，由于长年受庐山流泉飞瀑的浸润，形成了独特的"味醇、色秀、香馨、液清"的醇香品质，更因其六绝"条索清壮、青翠多毫、汤色明亮、叶好匀齐、香郁持久、醇厚味甘"而著称于世，被评为绿茶中的精品，更有诗赞曰："庐山云雾茶，味浓性泼辣，若得长时饮，延年益寿法"。

庐山云雾茶始产于汉代，最早是一种野生茶，后东林寺名僧慧远将其改造为家生茶，曾有"闻林茶"之称，现已有一千多年的栽种历史，宋代列为"贡茶"，是中国十大名茶之一。

产地

江西庐山。

茶叶特点

外形：紧凑秀丽，芽壮叶肥，青翠多毫，色泽翠绿。

气味：幽香如兰，鲜爽甘醇。

手感：细碎轻盈。

香气：鲜爽持久，浓郁高长，隐约有豆花香。

汤色：浅绿明亮，清澈光润。

口感：滋味深厚，醇厚甘甜，入口回味香绵。

叶底：嫩绿匀齐，柔润带黄。

功效

1.抗菌杀菌：庐山云雾茶中的儿茶素对部分致病细菌有抑制效果，有助于保护消化道，能够防止消化道肿瘤发生。

2.保护口腔健康：庐山云雾茶漱口可预防牙龈出血和杀灭口腔细菌，所含有的氟和儿茶素还可抑制生龋菌生长，减少牙菌斑，及预防牙周炎的发生。

3.瘦身减肥：庐山云雾茶中含有茶碱以及咖啡碱，可以经由许多作用活化蛋白质激酶及三酰甘油解脂酶，减少脂肪细胞堆积，因此达到减肥功效。

储存

选择铁罐、米缸、陶瓷罐等，铺上生石灰或硅胶，将茶叶干燥后用纸包住，扎紧细绳后一层层地放入，最后密封即可。待生石灰吸潮风化则更换，一般每隔1—2个月更换1次；若用硅胶，则待硅胶吸水变色后，烘干后再继续放入使用。

冲泡

茶具：紫砂壶、玻璃杯、过滤网、茶荷、茶匙、品茗杯各一。

茶匙　玻璃杯　茶匙　紫砂壶　品茗杯　过滤网

1 烫壶

将开水倒入准备好的紫砂壶中，用以清洁，并提高紫砂壶温度。

2 温玻璃杯

将温烫过紫砂壶的水倒入公道杯中，稍微冲泡片刻。

3 温品茗杯

将温烫过玻璃杯的水倒入品茗杯中稍洗杯，再将水倒掉。

4 弃水

将温烫过品茗杯的水倒掉。

6 冲水

往紫砂壶中注入 80℃温水，至八分满。

5 投茶

用茶匙将庐山云雾投入紫砂壶中。

7 静置

将盖子盖上，静置 2 分钟，使茶叶舒展。

8 出汤

将紫砂壶中的茶汤倒入玻璃杯中。

◎ 冲泡提示

1. 泡茶前烫杯。沏茶时，最好先倒半杯开水烫杯。

2. 茶与水的比例。茶叶和水的比例约是 1：50。

3. 冲泡庐山云雾的水温约 80℃ 即可，可适时续水。

9 分茶

将玻璃杯中茶汤分入品茗杯中。

10 赏茶

端起品茗杯，观赏茶汤。

武夷岩茶

乌龙茶

武夷岩茶产自武夷山，因其茶树生长在岩缝中，因而得名"武夷岩茶"。武夷岩茶属于半发酵茶，融合了绿茶和红茶的制法，是中国乌龙茶中的极品。武夷岩茶的制作可追溯至汉代，到清朝达到鼎盛。

武夷岩茶的制作方法汲取了绿茶和红茶制作工艺的精华，再经过晾青、做青、杀青、揉捻、烘干、毛茶、归堆、定级、筛号茶取料、拣剔、筛号茶拼配、干燥、摊凉、匀堆等十几道工序制作而成。武夷岩茶是武夷山历代茶农智慧的结晶。在2006年，武夷岩茶的制作工艺被列为首批"国家级非物质文化遗产"。

产地

福建省武夷山。

茶叶特点

外形：条索健壮、匀整，绿褐鲜润。

气味：具有天然真味。

手感：粗糙，有厚实感。

香气：浓郁清香。

汤色：清澈艳丽，呈深橙黄色。

口感：滋味甘醇。

叶底：软亮匀整，绿叶带红镶边。

1.抗衰老：饮用武夷岩茶可以使血中维生素C含量持较高水平，尿中维生素C排出量减少，起到抗衰老的作用。饮用武夷岩茶可从多方面增强人体抗衰老能力。

2.提神益思，消除疲劳：武夷岩茶所含的咖啡因较多，咖啡因能促使人体中枢神经兴奋，增强大脑皮质的兴奋过程，起到提神益思、清心的效果。

3.预防疾病：茶中的儿茶素能降低血液中的胆固醇，抑制血小板凝集，可以降低动脉硬化发生率。

武夷岩茶最好以每包100克左右的量，用锡箔袋或有锡箔层的牛皮纸包好，挤紧压实后，放入木质、铁质、锡质容器内，再放到避光、防潮、避风、无异味的地方储藏。大约一年后将茶取出观察，查看是否受潮、发霉、变质。

冲泡

茶具：盖碗、公道杯、茶荷、茶匙、过滤网各一，品茗杯三个。

盖碗　公道杯　品茗杯　公道杯　茶荷

茶巾　　　　　　　　　　　　　　　　茶匙

1 温盖碗

将开水倒入盖碗中，用以清洁，并提高盖碗温度。

2 温公道杯

将温烫过盖碗的水倒入公道杯中，以清洁公道杯。

3 温品茗杯

将公道杯里的水逐一倒入品茗杯中温烫，再将水倒掉。

4 投茶

用茶匙将武夷岩茶从茶荷中拨入盖碗中。

6 弃水

将洗茶的水倒出，不用。

5 洗茶

冲入开水，洗去茶中尘埃。

7 冲水

往盖碗中倒入沸水,使茶叶舒展。

8 出汤

在公道杯上放一个滤网,将泡好的茶汤倒入公道杯中。

9 分茶

将公道杯中的茶汤分入品茗杯中。

10 品饮

茶汤入口后,滋味醇厚甘鲜,冲泡 7—8 次后,仍然有原茶的真味。

◎冲泡提示

1. 忌喝新茶:因为新茶中含有未经氧化的多酚类、醛类及醇类等,对人的胃肠黏膜有较强的刺激作用,所以忌喝新茶。

2. 品茶时可以把茶叶咀嚼后咽下去,对人体有益。

君山银针

黄茶

君山银针是黄茶中最杰出的代表，色、香、味、形俱佳，是茶中珍品。君山银针在历史上曾被称为"黄翎毛""白毛尖"等，后因它茶芽挺直，布满白毫，形似银针，于是得名"君山银针"。

君山银针有"金镶玉"之称，古人曾形容它如"白银盘里一青螺"。据《巴陵县志》记载："君山产茶嫩绿似莲心。""君山贡茶自清始，每岁贡十八斤。""谷雨"前，知县邀山僧采制一旗一枪，白毛茸然，俗称"白毛茶"。《湖南省新通志》中又有记载："君山茶色味似龙井，叶微宽而绿过之。"

产地

湖南省岳阳市洞庭湖中的君山。

茶叶特点

外形：芽头健壮，金黄发亮，白毫毕显，
　　　外形似银针。

气味：清香醉人。

手感：光滑平整。

香气：毫香清醇，清香浓郁。

汤色：杏黄明净。

口感：甘醇甜爽，满口芳香。

叶底：肥厚匀齐，嫩黄清亮。

功效

1.预防食道癌：君山银针茶中富含茶多酚、氨基酸、可溶性糖、维生素等丰富的营养物质，营养价值高，对防治食管癌有明显功效。

2.消炎杀菌：君山银针鲜叶中天然物质保留有85%以上，这些物质对杀菌、消炎均有特殊效果。

3.消脂减肥：君山银针沤制中产生的消化酶，能有效促进脂肪代谢，减少脂肪的堆积，在一定程度上能起到消脂的作用，是减肥佳品。

储存

如果是家庭用的茶叶，可以将干燥的茶叶用软白纸包好，轻轻挤压排出空气；再用细软绳扎紧袋口，将另一只塑料袋反套在外面后挤出空气，放入干燥、无味、密封的铁筒内储藏。

冲泡

茶具：玻璃杯、公道杯、过滤网、茶荷、茶匙各一，品茗杯三个。

玻璃杯　公道杯　品茗杯　过滤网　茶荷

茶巾　　　　　　　　　　　　　　　　茶匙

1 温杯

将开水倒入玻璃杯以清洁，并提高玻璃杯温度。擦干杯，以避免茶芽吸水而不竖立。

2 温公道杯

用温烫过玻璃杯的水浸润公道杯。

3 温品茗杯

用温烫过公道杯的水浸润品茗杯，再将水倒掉。

4 投茶

用茶匙将君山银针从茶荷中投入到玻璃杯。

5 冲水

将 80℃的水先快后慢冲入玻璃杯中至五分满。

6 静置

将玻璃杯静置 2 分钟，使茶芽湿透。

7 再次冲水

继续往玻璃杯中倒入80℃左右的水，冲至八分满。

8 赏茶

约5分钟后，可见茶芽渐次直立，上下沉浮，在芽尖上有晶莹的气泡。

9 出汤

取过滤网放在公道杯上，倒入茶汤。

10 分茶

将公道杯中的茶汤分入品茗杯中。

11 品饮

饮一口茶汤，入口后甘醇甜爽。

◎冲泡提示

1. 对于专业爱茶人士，要求比较高的，最好以清澈的山泉水冲泡君山银针，滋味不同凡响。

2. 君山银针既有茶的幽香、醇味，又有茶的所有特性。从品茗的角度而言应该重在观赏，因此要特别强调茶的冲泡技术和程序，以免破坏茶性。

信阳毛尖

绿茶

信阳毛尖，亦称"豫毛峰"，是河南省著名特产之一，被列为中国十大名茶之一。信阳毛尖早在唐代就已成为朝廷贡茶，在清代则跻身为全国名茶之列，素以"细、圆、光、直、多白毫、香高、味浓、汤色绿"的独特风格而饮誉中外。北宋时期的大文学家苏东坡曾赞叹道："淮南茶，信阳第一。西南山农家中茶者甚多，本山茶色味香俱美，品不在浙闽下。"

到了近现代，信阳毛尖更是享誉世界，屡次在名茶评比中获奖。时至今日，信阳毛尖更成为有着丰富内涵和体现国家茶文化精髓的使者。

产地

河南省信阳市。

茶叶特点

外形： 纤细如针，细秀匀直，色泽翠绿光润，白毫显露。

气味： 清香扑鼻。

手感： 粗细均匀，紧致光滑。

香气： 清香持久。

汤色： 汤色清澈，黄绿明亮。

口感： 鲜浓醇香，醇厚高爽，回甘生津，令人心旷神怡。

叶底： 细嫩匀整，嫩绿明亮。

功效

1.强身健体：信阳毛尖含有氨基酸、生物碱、茶多酚、有机酸、芳香物质、维生素以及水溶性矿物质，具有生津解渴、清心明目、提神醒脑、去腻消食、抑制动脉粥样硬化、防癌和护御放射性元素等功能。

2.促进脂类物质转化吸收：由于茶叶中具有嘌呤碱、腺嘌呤等生物碱，可与磷酸、戊糖等物质形成核苷酸，对脂类物质的代谢起着重要作用，尤其对含氮化合物具有极妙的分解、转化作用，使其分解转化成可溶性吸收物质，从而达到消脂作用。

储存

信阳毛尖宜在0—6℃的环境下保存，可放置在冰箱冷藏室里，用不锈铁质罐装好后密封起来，外裹两层塑料薄膜。干燥茶叶容易吸附异味，因此存放的环境宜干燥，避免高温、光照，时时保持清洁、卫生，并远离化肥、农药、油脂以及霉变物质。

冲泡

茶具：茶壶、公道杯、过滤网、茶荷、茶匙、品茗杯各一。

公道杯　茶荷　茶壶　品茗杯　过滤网

茶匙

2 温公道杯

用温烫过茶壶的水浸润公道杯。

1 烫壶

将开水倒入茶壶中，去除壶内异味，有助于挥发茶香。

3 温品茗杯

将水浸润品茗杯，以提高品茗杯的温度。

4 弃水

将品茗杯中的水倒掉，不用。

5 投茶

用茶匙将信阳毛尖从茶荷中投入茶壶中。

6 冲水

将 90℃ 的水自高向下
注入茶壶，至七分满，
加盖，稍闷泡。

7 出汤

过滤网放公道杯上，
将茶汤倒入公道杯中。

8 分茶

将公道杯中的茶汤分入品茗杯中。

9 品饮

将品茗杯中的茶分三口品尝，入口滋味
鲜醇。

◎冲泡提示

1. 劣质的信阳毛尖汤色
深绿或发黄、混浊发暗，
不耐冲泡，没有茶香味。

2. 冲泡后可等半分钟后，
在茶汤显出颜色后再品
饮，滋味更佳。

第三章
绿茶

　　绿茶，以汤色碧绿清澈，茶汤中绿叶飘逸沉浮的姿态最为著名。

　　绿茶茶叶中的天然物质保留较多，其滋味收敛性强，对防衰老、防癌、抗癌、杀菌、消炎、降脂减肥等均有效果。饮绿茶不仅是精神上的享受，更能保健防病、有益身心。工作繁忙时喝上一杯绿茶，可以有效地缓解疲劳。夏天饮用绿茶，更能消暑解热。

绿茶的分类

◎ 炒青绿茶

在加工过程中采用炒制的方法干燥而成的绿茶称为炒青绿茶。由于干燥过程中受到机械或手工操力的作用，成茶容易形成长条形、圆珠形、扁平形、针形、螺形等不同形状。

◎ 烘青绿茶

在加工过程中采用烘笼进行烘干的方法制成的绿茶称为烘青绿茶。烘青绿茶的香气一般不及炒青绿茶高，但也不乏少数品质特优的烘青名茶。

◎ 晒青绿茶

在加工过程中采用日光晒干的方法制成的绿茶称为晒青绿茶。晒青绿茶是绿茶里较独特的品种，是将鲜叶在锅炒杀青、揉捻后直接通过太阳光照射来干燥。

◎ 蒸青绿茶

在加工过程中通过高温蒸汽的方法将鲜叶杀青而制成的绿茶称为蒸青绿茶。蒸青绿茶的香气较闷，略带青气，其涩味较重，不及炒青绿茶那样鲜爽。

绿茶的冲泡

◎ 茶具选用

冲泡绿茶的茶具首选是透明度佳的玻璃杯，这样可以欣赏到茶叶在水中舒展的形态。除玻璃杯外，白瓷茶杯也是不错的选择，能映衬出茶汤的青翠明亮。

◎ 水温控制

绿茶冲泡的最适宜的水温是85℃。水温如果太高则不利于及时散热，容易将茶汤闷得泛黄而口感苦涩。冲泡两次之后，水温可适当提高。在实际的冲泡过程中，也可以根据冲泡方法以及茶叶品种、鲜嫩程度的不同而适当调整水温。置茶量可结合茶具大小以及茶叶种类，适当尝试不同用量，来找到自己喜欢的茶汤浓度。一般来说，茶叶与水的比例以1∶50为宜，即1克茶叶用50毫升的水。

🌸 冲泡方法

绿茶冲泡通常有三种方法。

第一种是上投法。先一次性向茶杯中倒入足量的热水，待水温适度时再放入茶叶。这种方法水温掌握得要非常准确，多适用于细嫩炒青绿茶。

第二种是中投法。先往茶杯中放入茶叶，再倒入三分之一的热水，稍加摇动，使茶叶吸足水分舒展开来，再注入热水至七分满。这种方法也适合较为细嫩的茶叶。

第三种是下投法。先向茶杯中放入茶叶，然后一次性向茶杯内倒入足量的热水。这种方法适用于细嫩度较差的绿茶，也属于日常冲泡绿茶最常用的方法。

🌸 冲泡时间

绿茶的冲泡，以前三次冲泡的为最佳，冲泡三遍后的滋味开始变淡。冲泡好的绿茶应尽快饮完，最好不放置超过6分钟，易使绿茶的口感变差，从而失去绿茶的鲜爽。

适时续水，当茶杯中只剩下三分之一的茶汤时，即可适当续水了。续水前，应先将温水加热，再注入茶杯中冲泡绿茶，这样才能保证续水后的茶汤温度仍不低于90℃，也保证了茶汤的浓度。一般每杯茶可续水两次，也可按个人口味喜好酌情处理。

绿茶的贮藏

高档绿茶一般采用纸罐、铝罐内衬阻碍性好的软包装，价格中等的还流行用铁罐、铝罐或者易拉罐包装，其保鲜效果都很显著。绿茶保存时可以结合使用干燥剂进行干燥，或放入冷库进行冷藏，其保鲜效果更理想。

大佛龙井·炒青绿茶

产地：浙江省的新昌县。

"南方有嘉木，新昌有好茶"，大佛龙井茶就产自新昌天姥山的高山云雾中，采用西湖龙井嫩芽精制而成，品质卓越。主要分为两种不同风格的茶品，分别为绿版及黄版，区别在于成品茶的外形色泽和对香气的不同追求。新昌大佛龙井主要得益于得天独厚的自然环境，具备了茶叶典型的高山风味。

茶叶特点

外形：扁平光滑，色泽绿翠匀润。

气味：带有纯正的花香。

手感：手感平滑。

香气：略带花香。

汤色：黄绿明亮。

口感：鲜爽甘醇。

叶底：细嫩成朵。

功效

1.排毒养颜：常喝大佛龙井茶，可以排毒养颜、抗衰老以及防辐射。

2.兴奋作用：茶叶中的咖啡碱能够兴奋人的中枢神经系统，帮助人们振奋精神，缓解疲劳。

冲泡

【茶具】玻璃杯1个。

【方法】1.温杯：将热水倒入玻璃杯中进行温杯，而后弃水不用。

2.冲泡：将5克大佛龙井茶叶拨入玻璃杯中，冲入80℃的热水进行冲泡。

3.品茶：静待茶叶下沉，即可品饮。此刻就能够静心感受到大佛龙井茶略带花香，茶汤滋味鲜爽甘醇的特点。

松阳银猴 · 炒青绿茶

产地：浙江省松阳瓯江上游的古市区。

松阳银猴茶为浙江省新创制的名茶之一。银猴茶采制技术精巧，开采早、采得嫩、拣得净是银猴茶的采摘特点。

此茶清明前开采，谷雨时结束。采摘标准为：特级茶为一芽一叶初展，1—2级茶为一芽一叶至一芽二叶初展。该茶品质优异，被誉为"茶中瑰宝"。

茶叶特点

外形：卷曲多毫，色泽如银。
气味：有一种令人心旷神怡的茶香。
手感：多毫，有茸毛感。
香气：香气浓郁。
汤色：绿明清澈。
口感：甘甜鲜爽。
叶底：黄绿明亮。

功效

1.抗菌杀菌：松阳银猴中的茶多酚有助于保护消化道，防止肿瘤发生。

2.保护口腔健康：松阳银猴漱口可预防牙龈出血和杀灭口腔细菌，保持口腔清洁。

冲泡

【茶具】透明玻璃杯1个。

【方法】1.温杯：将热水倒入玻璃杯中进行温杯，而后弃水不用。

2.冲泡：将3克松阳银猴茶叶拨入玻璃杯中，往玻璃杯中冲入75—85℃的水，七分满即可。

3.品茶：1分钟后即可出汤品饮，入口后，香气浓郁，滋味甘甜鲜爽。

千岛玉叶 · 炒青绿茶

产地：浙江省淳安县千岛湖畔。

千岛玉叶是1982年创制的名茶，原称"千岛湖龙井"。千岛玉叶月白新毫，翠绿如水，纤细幼嫩，获得茶叶专家的一致好评。

千岛玉叶制作略似西湖龙井，而又有别于西湖龙井。其所用鲜叶原料，均要求嫩匀成朵，标准为一芽一叶初展，并要求芽长于叶。

茶叶特点

外形：扁平挺直，绿翠露毫。

气味：带有青纯茶香，隽永持久。

手感：嫩绿成朵状的千岛玉叶茶叶触摸起来有壮结感。

香气：清香持久。

汤色：黄绿明亮。

口感：醇厚鲜爽。

叶底：嫩绿成朵。

功效

1.降低胆固醇：千岛玉叶中的儿茶素能降低血液中的胆固醇。

2.抑制心血管疾病：千岛玉叶中的黄酮醇类有抗氧化作用，可有效防止血液凝块、血小板成团，减少血液系统发生病变的可能，可以有效抑制心血管疾病。

冲泡

【茶具】盖碗1个。

【方法】1.温杯：将开水倒入盖碗中进行冲洗，而后弃水不用。

2.冲泡：将3克千岛玉叶茶叶拨入盖碗中，冲入85℃的水，七分满即可。

3.品茶：冲泡后，可欣赏茶叶在杯中根根直立，如舞如蹈的骄人姿态，1分钟后即可出汤品饮。

普陀佛茶 · 炒青绿茶

产地：浙江省的普陀山。

普陀佛茶又称普陀山云雾茶，产于普陀山。普陀山冬暖夏凉，四季湿润，土地肥沃，茶树大都分布在山峰向阳面和山坳避风的地方，这样的环境为茶树的生长提供了十分优越的自然环境。普陀佛茶外形"似螺非螺，似眉非眉"，色泽翠绿披毫，香气馥郁芬芳，汤色嫩绿明亮，味道清醇爽口，又因其外形略像蝌蚪，亦称"凤尾茶"。

茶叶特点

外形：紧细卷曲，绿润显毫。

气味：清香馥郁。

手感：柔软，有茸毛感。

香气：清香高雅。

汤色：黄绿明亮。

口感：鲜美浓郁。

叶底：芽叶成朵。

功效

1.防癌、防辐射：普陀佛茶有防癌、防治维生素C缺乏症和护御放射性元素等功效。

2.消食去腻、净化胃肠：普陀佛茶有净化人体消化器官的作用，茶叶中的黄烷醇可使人体消化道松弛，净化消化道，消食去腻。

冲泡

【茶具】紫砂壶1个。

【方法】1.投茶：将4克普陀佛茶茶叶拨入紫砂壶中。

2.冲泡：然后冲入85℃左右的水，七分满即可。

3.品茶：片刻后即可品饮。滋味鲜美浓郁，气味清香高雅，品饮后令人神清气爽，回味无穷。

泰顺云雾茶·烘青绿茶

产地：浙江省泰顺县。

　　泰顺云雾茶是我国历史名茶，始产于汉代，宋代列为"贡茶"。泰顺云雾茶由于受高山凉爽多雾的气候及日光直射时间短等条件影响，叶厚，毫多，醇甘耐泡，其具有含单宁、芳香油类和维生素较多等特点。泰顺云雾茶以"味醇、色秀、香馨、汤清"而久负盛名，畅销国内外。

茶叶特点

外形：条索紧细，嫩绿油润。

气味：带有高山茶的香馨，气味高远。

手感：条索紧细，手感较粗糙。

香气：清香持久。

汤色：清澈明亮。

口感：浓醇味甘。

叶底：黄绿嫩匀。

功效

1.醒脑提神：泰顺云雾茶中的咖啡碱能兴奋人体中枢神经，有提神、醒脑的作用。

2.减肥消脂：茶叶中的生物碱能与人体内磷酸等结合形成核苷酸，核苷酸可以对氮化合物进行分解、转化，达到减肥消脂的功效。

冲泡

【茶具】玻璃杯1个。

【方法】1.温杯：将热水倒入玻璃杯中进行温杯，而后弃水不用。

2.冲泡：冲入85℃左右的水至玻璃杯七分满，再将4克泰顺云雾茶茶叶拨入玻璃杯中即可。

3.品茶：片刻后即可出汤，入口后滋味浓醇，味甘，清香持久。

开化龙顶 · 烘青绿茶

产地：浙江开化县齐溪乡白云山。

开化龙顶茶为中国的名茶新秀，采于清明、谷雨间，选取茶树上长势旺盛健壮枝梢上的一芽一叶或一芽二叶初展为原料。炒制工艺分杀青、揉捻、初烘、理条、烘干等五道工序。1985年在浙江省名茶评比中，开化龙顶茶荣获食品工业协会颁发的名茶荣誉证书，同年被评为"全国名茶"之一。

茶叶特点

外形：紧直苗秀，色泽绿翠。

气味：带有幽兰的清香。

手感：嫩匀成朵状，手感比较壮结，稍有毛茸感。

香气：清幽持久。

汤色：嫩绿清澈。

口感：浓醇鲜爽。

叶底：嫩匀成朵。

功效

1.利尿消肿：开化龙顶茶叶中的咖啡碱、茶碱能利尿，缓解水肿、水潴留。

2.强心解痉：开化龙顶茶叶中的咖啡碱具有强心、解痉、松弛平滑肌的功效，能解除支气管痉挛。

冲泡

【茶具】品茗盖碗1个。

【方法】1.冲泡：将4克开化龙顶茶叶拨入盖碗中。往盖碗中冲入80℃左右的水，七分满即可。

2.品茶：入口后，香气扑鼻馥郁持久，有板栗香和兰花香两种，其中以兰花香为上品。

江山绿牡丹 · 烘青绿茶

产地：浙江省江山市裴家地、龙井。

江山绿牡丹始制于唐代，北宋文豪苏东坡誉之为"奇茗"，明代列为御茶。茶树芽叶萌发早，芽肥叶厚，持嫩性强，一般于清明前后采摘一芽一、二叶初展。江山绿牡丹以传统的工艺制作，经摊放、炒青、轻揉、理条、轻复揉、初烘、复烘等多道工序制作而成。

茶叶特点

外形：白毫显露，色泽翠绿。

气味：带有淡淡的茶叶幽香。

手感：白毫显露，有茸毛感。

香气：香气清高。

汤色：碧绿清澈。

口感：鲜醇爽口。

叶底：嫩绿明亮。

功效

1.健齿护齿：江山绿牡丹含有氟，茶中儿茶素有抑制生龋菌作用，有助于减少牙菌斑及牙周炎的发生。

2.防癌：江山绿牡丹茶对某些癌症有抑制作用，有助于预防癌症。

冲泡

【茶具】盖碗1个。

【方法】1.冲泡：将5克江山绿牡丹茶叶拨入盖碗中，再往盖碗中冲入85℃左右的水即可。

2.品茶：静置3分钟后即可品饮。入口后香气清高，具嫩栗香，滋味鲜醇爽口。

花果山云雾茶 · 炒青绿茶

产地：江苏省连云港市花果山。

花果山云雾茶形似眉状，叶形如剪，清澈浅碧、略透粉黄，润绿显毫；冲泡后透出粉黄的色泽，条束舒展，如枝头新叶，阴阳向背，碧翠扁平，香高持久，滋味鲜浓。花果山云雾茶又因它生于高山云雾之中，纤维素较少，可多次冲泡，啜尝品评，余味无穷。

茶叶特点

外形：条束舒展，润绿显毫。
气味：气息醇厚，比较持久。
手感：手感平直长滑。
香气：香高持久。
汤色：嫩绿清澈。
口感：鲜浓甘醇。
叶底：黄绿明亮。

功效

1.醒脑提神：花果山云雾茶中的咖啡碱能使中枢神经兴奋，提神醒脑。

2.利尿解乏：花果山云雾茶中的咖啡碱可刺激肾脏，促使尿液迅速排出体外，提高肾脏的滤出率，减少有害物质对肾脏的伤害。

冲泡

【茶具】盖碗1个。

【方法】1.冲泡：放入3克花果山云雾茶茶叶后，冲入80℃左右的水至盖碗七分满即可。

2.品茶：2分钟后即可品饮，入口后鲜浓甘醇，香气清高持久。

南京雨花茶·炒青绿茶

产地：江苏省南京市雨花台。

雨花茶是全国名茶之一，茶叶外形圆绿，如松针，带白毫，紧直。雨花茶因产自南京雨花台而得名。雨花茶必须在谷雨前采摘，采摘下来的嫩叶要长有一芽一叶，经过杀青、揉捻、整形、烘炒四道工序，全工序皆用手工完成。紧、直、绿、匀是雨花茶品质特色。雨花茶冲泡后茶色碧绿、清澈，香气清幽，滋味醇厚，回味甘甜。

茶叶特点

外形：形似松针，色呈墨绿。

气味：气味清幽，有若有若无之感。

手感：两端略尖，触摸时稍有扎手。

香气：浓郁高雅。

汤色：绿而清澈。

口感：鲜醇宜人。

叶底：嫩匀明亮。

功效

1.预防疾病：雨花茶中的儿茶素能降低血液中的胆固醇，可以降低动脉硬化发生率，抑制血小板凝集。

2.润肠通便：茶叶中的茶多酚可促进胃肠蠕动，帮助消化，预防便秘。

冲泡

【茶具】玻璃杯或盖碗1个。

【方法】1.温杯：将热水倒入玻璃杯中进行温杯，而后弃水不用。

2.冲泡：冲入80℃左右的水至玻璃杯七分满，用茶匙将6克雨花茶茶叶从茶荷中拨入玻璃杯中。

3.品茶：2分钟后即可出汤品饮，入口后鲜醇宜人。

金坛雀舌 · 炒青绿茶

产地：江苏省常州市金坛区。

金坛雀舌产于江苏省金坛市方麓茶场，为江苏省新创制的名茶之一。属扁形炒青绿茶，以其形如雀舌而得名，且以其精巧的造型、翠绿的色泽和鲜爽的嫩香屡获好评。

金坛雀舌内含成分丰富，水浸出物茶多酚、氨基酸、咖啡碱含量较高。

茶叶特点

外形：扁平挺直，翠绿圆润。
气味：带有一点点鲜爽的嫩香。
手感：手感柔韧、光滑。
香气：嫩香清高。
汤色：碧绿明亮。
口感：鲜醇爽口。
叶底：嫩匀成朵。

功效

1.消炎止泻：金坛雀舌中的茶多酚有较强的收敛作用，对病原菌、病毒有明显的抑制和杀灭作用，对消炎止泻有明显效果。

2.美容护肤：金坛雀舌茶叶还能用于清除面部的油腻。

冲泡

【茶具】玻璃杯或盖碗1个。
【方法】1.冲泡：放入3克金坛雀舌茶叶后，冲入80℃左右的水至玻璃杯七分满即可。

2.品茶：2分钟后即可品饮，入口后滋味鲜醇爽口，香气清高持久。

太湖翠竹 · 炒青绿茶

产地：江苏省无锡市锡北镇。

太湖翠竹为创新名茶，产于江苏省无锡市，采用福丁大白茶等无性系品种芽叶，于清明节前采摘单芽或一芽一叶初展鲜叶。太湖翠竹首创于1986年，2011年获得国家地理标志证明商标。该茶泡在杯中，茶芽徐徐舒展开来，形如竹叶，亭亭玉立，似群山竹林，因而得名。

茶叶特点

外形：扁似竹叶，翠绿油润。

气味：清香，茶气鲜爽。

手感：有韧厚光滑的质感。

香气：清高持久。

汤色：黄绿明亮。

口感：鲜醇回甘。

叶底：嫩绿匀整。

功效

1.抗衰老：太湖翠竹茶叶中含有的抗氧化剂，能起到抵抗老化的作用，对保护皮肤、抚平细纹等都有很好的功效。

2.提神消疲：太湖翠竹茶中的咖啡碱能刺激大脑皮质，有助于提神。

冲泡

【茶具】盖碗、品茗杯各1个。

【方法】1.投茶：将4克太湖翠竹茶叶拨入盖碗中。

2.冲泡：冲水，浸泡茶叶40秒后，继续冲水至七分满即止。

3.品茶：冲泡之后，会有嫩绿的茶芽徐徐伸展开来，形状亦如竹叶，亭亭玉立。将茶汤倒入品茗杯中品饮。入口后鲜醇回甘，余味悠远。

无锡毫茶 · 炒青绿茶

产地: 江苏省无锡市郊区。

无锡毫茶在历次参加名茶和优质食品评比中多次获奖，1991年在杭州国际茶文化节上被授予"中国文化名茶"称号。无锡北面惠山的惠山泉素有"天下第二泉"之称。

无锡毫茶以一芽一叶初展、半展为主体，经杀青、揉捻、搓毛、干燥等工序精制而成。

茶叶特点

外形: 肥壮卷曲，翠绿油润。

气味: 清高悠长，久久不散。

手感: 手感肥嫩。

香气: 香气清高。

汤色: 绿而明亮。

口感: 鲜醇爽口。

叶底: 嫩绿匀齐。

功效

1.预防疾病: 无锡毫茶中的儿茶素能降低血液中的胆固醇，抑制血小板凝集，可以降低动脉硬化发生率。

2.美容养颜: 无锡毫茶所含茶多酚是人体自由基的清除剂，可使皮肤光滑。

冲泡

【茶具】玻璃杯1个。

【方法】1.冲泡: 放入6克无锡毫茶茶叶后，冲入80℃左右的水至玻璃杯七分满即可。

2.品茶: 片刻后即可观察到茶叶在杯中绽放的姿态，稍凉时品饮，入口后香高味鲜，嫩香持久。

金山翠芽 · 炒青绿茶

产地：江苏省镇江市。

金山翠芽原产于江苏省镇江市，因镇江金山旅游圣地而名扬海内外。金山翠芽的外形扁平挺削，色翠香高，冲泡后翠芽徐徐下沉，挺立杯中，形似镇江金山塔倒映于扬子江中，饮之滋味鲜浓，令人回味无穷。1985年，金山翠芽在农牧渔业部召开的中国名茶评选会上，荣获中国名茶称号。

茶叶特点

外形：扁平匀整，黄翠显毫。

气味：绿茶中少有的高香，茶香扑鼻。

手感：肥匀平滑。

香气：清高持久。

汤色：嫩绿明亮。

口感：鲜醇浓厚。

叶底：肥匀嫩绿。

功效

抑制心血管疾病：金山翠芽茶叶中含有的茶多酚，尤其是茶多酚中的儿茶素单体ECG和EGC及其氧化产物茶黄素等，对人体脂肪代谢有着重要作用，能使形成血凝黏度增强的纤维蛋白原降低，凝血变清，从而抑制动脉粥样硬化。

冲泡

【茶具】紫砂壶1个。

【方法】1.冲泡：将4克金山翠芽茶叶拨入紫砂壶中。在杯中冲入85℃左右的水，七分满即可。

2.品茶：片刻后即可品饮。茶汤浅黄绿明亮，滋味鲜醇浓厚，以苦涩显著，后甘甜生津；杯底挂香不明显者为佳。

茅山长青 · 烘青绿茶

产地：江苏省句容市。

茅山长青于1992年经国家林业部审定为优质名茶。因茅山道教旅游圣地而名扬海内外。茅山长青茶精选优质芽孢制成，选料考究，加工工艺精细，其质优良，色、香、味俱佳，风格独特，回味有甘，香高持久，滋味鲜爽。浸泡时，或呈悬挂水面，或站立杯底，犹如春笋滴翠，具有极高的品赏效果。

茶叶特点

外形：挺直如剑，翠绿油润。
气味：气味鲜嫩高爽。
手感：手感光滑挺直。
香气：高爽清幽。
汤色：嫩绿清爽。
口感：鲜醇浓郁。
叶底：嫩绿明亮。

功效

1.杀菌：茅山长青茶中含有的儿茶素，能对引起疾病的部分细菌起到抑制作用，同时又不会伤害到肠内有益菌的繁衍，具有调节肠胃、除菌整肠的作用。

2.降压：茅山长青茶所含茶多酚和维生素C，能起到防止动脉硬化的作用。

冲泡

【茶具】玻璃杯1个。

【方法】1.投茶：用茶匙将5克茅山长青茶叶从茶荷中拨入玻璃杯中。

2.冲泡：往杯中冲入85℃左右的水，至玻璃杯七分满即可。

3.品茶：2分钟后即可品饮，入口后滋味鲜醇，啜饮倍感鲜爽，而且有很好的生津止渴之效。

宝华玉笋 · 炒青绿茶

产地：江苏句容市宝华山国家森林公园。

宝华玉笋，产于江苏省句容市北部的宝华山国家森林公园，是采用大、中叶种茶鲜叶原料经特殊工艺加工而成的高级绿茶。

宝华玉笋曾荣获中国国际茶会金奖、第二届"中茶杯"全国名优茶评比一等奖、江苏省"陆羽杯"特等奖。

 茶叶特点

外形：挺直紧结，翠绿鲜活。
气味：清香怡人。
手感：手感紧结，稍有柔顺。
香气：清鲜持久。
汤色：浅绿明亮。
口感：鲜醇爽口。
叶底：嫩绿匀齐。

功效

1.杀菌：宝华玉笋茶叶中含有的儿茶素，能对引起疾病的部分细菌起到抑制作用，同时又不会伤害到肠内有益菌的繁衍，具有调节肠胃的作用。

2.抗癌：宝华玉笋茶所含黄酮类物质能起到一定程度的抗癌作用。

冲泡

【茶具】玻璃杯1个。
【方法】1.冲泡：用茶匙将5克宝华玉笋茶叶从茶荷中拨入玻璃杯中，冲入85℃左右的水至玻璃杯八分满。

2.品茶：2分钟后品饮，玻璃杯内茶叶亭亭玉立在杯底，似雨后春笋，入口后滋味鲜醇，香气清鲜而持久。

太平猴魁 · 烘青绿茶

产地：产于安徽省黄山市北麓的黄山区新明、龙门、三口一带。

太平猴魁是中国历史名茶，创制于1900年，曾出现在非官方评选的"十大名茶"之列中。太平猴魁外形两叶抱芽，扁平挺直，自然舒展，白毫隐伏，有"猴魁两头尖，不散不翘不卷边"之称。太平猴魁在谷雨至立夏之间采摘，茶叶长出一芽三叶或四叶时开园，立夏前停采。

茶叶特点

外形：肥壮细嫩，色泽苍绿匀润。

气味：香气高爽，带有一种兰花香味。

手感：叶底嫩匀，有轻轻细嫩的感觉。

香气：香浓甘醇。

汤色：清澈明亮。

口感：鲜爽醇厚。

叶底：嫩匀肥壮。

功效

1.抗疲劳：太平猴魁茶叶中的咖啡碱能兴奋中枢神经，帮助消除疲劳。

2.抑制动脉硬化：太平猴魁茶叶中的茶多酚和维生素C都有活血化瘀、防止动脉硬化的作用。所以经常饮茶的人当中，高血压和冠心病的发病率较低。

冲泡

【茶具】玻璃杯或盖碗1个。

【方法】1.冲泡：将热水倒入玻璃杯中进行温杯，而后弃水不用，再冲入90℃左右的水至玻璃杯七分满，用茶匙将6克太平猴魁茶叶从茶荷中轻轻拨入玻璃杯中。

2.品茶：2分钟后即可出汤品饮，入口后鲜爽醇厚。

黄山银毫·烘青绿茶

产地：安徽黄山。

黄山银毫是创新名茶，产自安徽黄山，采摘清明前后一芽一叶嫩芽，要求做到三个一致，即"大小一致，老嫩一致，长短一致"，每500克鲜叶，嫩芽数在3000个以上。黄山银毫的制作，包括手工拣剔、杀青、揉捻、整形与提毫、烘焙干燥、拣剔与包装等工序。

茶叶特点

外形：外形成条，墨绿油润。

气味：带有一种持久的清高气味。

手感：油润而柔软。

香气：馥郁持久。

汤色：明净透亮。

口感：回味甘甜。

叶底：明净柔软。

功效

1.抗衰老：黄山银毫茶叶中含有的抗氧化剂，能起到抵抗老化作用，对保护皮肤、抚平细纹等都有很好的功效，因此常饮有益。

2.减肥：黄山银毫茶叶中含茶多酚、氨基酸等，可帮助分解脂肪、减肥。

冲泡

【茶具】盖碗1个。

【方法】1.冲泡：冲入80℃左右的水至七分满，将准备好的3克黄山银毫茶叶快速放进，加盖摇动茶碗。

2.品茶：只见茶叶在盖碗内徐徐伸展，汤色明净透亮，香气馥郁，叶底明净柔软，入口后回味无穷。

天柱剑毫 · 烘青绿茶

产地：安徽省潜山县天柱山

天柱剑毫因其外形扁平如宝剑而得名，以其优异的品质、独特的风格、峻峭的外表已跻身于全国名茶之列，1985年全国名茶展评会上被评定为全国名茶之一。每年谷雨前后，茶农就开始采摘新茶，由于均选用"一芽一叶"，因而产量有限，所以极为珍贵。

茶叶特点

外形：扁平挺直，翠绿显毫。

气味：茶叶清翠，带有一股淡淡的茶香的清幽。

手感：明显感到平直，匀整。

香气：清雅持久。

汤色：碧绿明亮。

口感：鲜醇回甘。

叶底：匀整嫩鲜。

功效

1.消食祛腻：天柱剑毫内含多酚类、氨基酸等有益成分，有助于消食祛腻。

2.利尿补肾：茶中的咖啡碱可刺激肾脏，促使尿液迅速排出体外，提高肾脏的滤出率。

冲泡

【茶具】盖碗1个。

【方法】1.冲泡：将4克天柱剑毫茶叶拨入盖碗中，再往盖碗中冲入75—85℃的水。

2.品茶：2分钟后即可品饮，入口后，过喉鲜爽，口留余香，回味甘甜，有提神作用。

顶谷大方 · 炒青绿茶

产地：安徽省黄山市歙县。

顶谷大方又名"竹铺大方""拷方""竹叶大方"，创制于明代，在清代被列为贡茶。大方茶产于黄山市歙县的竹铺、金川、三阳等乡村，尤以竹铺乡的老竹岭、大方山和金川乡的福泉山所产的品质最优，被誉称顶谷大方。顶谷大方制作方法独特，色香味俱全。

茶叶特点

外形： 扁平匀齐，翠绿微黄。

气味： 气味高而长，带有板栗香。

手感： 触摸时比起其他茶叶有丰盈肥厚感。

香气： 高长清幽。

汤色： 清澈微黄。

口感： 醇厚爽口。

叶底： 芽叶肥壮。

功效

1.消脂减肥：顶谷大方含茶碱、咖啡碱，能减少脂肪堆积，有减肥功效。

2.软化血管：顶谷大方中的黄酮醇类具有抗氧化作用，长饮大方茶对改善血液循环，降低胆固醇，软化血管等都有效果。

冲泡

【茶具】玻璃杯或盖碗1个。

【方法】1.冲水：冲入90℃左右的水至玻璃杯七分满即可。

2.投茶：放入4克顶谷大方茶叶后，摇动玻璃杯。

3.品茶：1分钟后即可品饮。玻璃杯内扁平肥壮的茶叶逐渐舒展。入口后醇厚爽口，回味甘甜。

休宁松萝 · 炒青绿茶

产地：安徽省休宁县。

休宁松萝属绿茶类，为历史名茶，创于明代隆庆年间。明清时，松萝山为佛教圣地，早在明洪武年间松萝山盈福寺已名扬江南，香火鼎盛。松萝茶区别于其他名茶的显著特点是"三重"，即色重、香重、味重。"色绿、香高、味浓"是松萝茶的显著特点。

茶叶特点

外形：紧卷匀壮，色泽绿润。
气味：气味高爽，带有橄榄的香味。
手感：卷曲，手感柔软。
香气：幽香高长。
汤色：汤色绿明。
口感：甘甜醇和。
叶底：绿嫩柔软。

功效

降脂、降胆固醇：休宁松萝含有的儿茶酸能促进维生素C的吸收，使胆固醇从动脉移至肝脏，降低胆固醇，还可增强血管的弹性和渗透能力，降低血脂，对冠心病、高血压有治疗作用。

冲泡

【茶具】玻璃杯1个。
【方法】1.冲水：冲入90℃左右的水至玻璃杯七分满即可。
2.投茶：轻轻放入5克休宁松萝茶叶。
3.品茶：2分钟后即可品饮，入口后滋味甘甜醇和，回味无穷，可细细品尝茶味后再咽下。

婺源茗眉·炒青绿茶

产地：江西省的婺源县

婺源茗眉茶因其条索纤细，如仕女之秀眉而得名。婺源茗眉的采摘标准为一芽一叶初展，要求大小一致，嫩度一致。其外形弯曲似眉，翠绿紧结，银毫披露，外形虽花色各异，但内质为清汤绿叶，香味鲜醇，浓而不苦，回味甘甜。滋味鲜爽甘醇为其特点。

茶叶特点

外形：弯曲似眉，翠绿光润。

气味：带着清香的气息，闻上去较为鲜醇。

手感：叶嫩而显得柔滑。

香气：清高持久。

汤色：黄绿清澈。

口感：鲜爽甘醇。

叶底：柔嫩明亮。

功效

1.护齿健齿：婺源茗眉茶叶可抑制钙质的减少，有助于防龋齿、护齿、健齿。

2.护眼明目：婺源茗眉茶中的维生素C等成分，能降低眼睛晶体混浊度，经常饮茶，对减少眼疾、护眼明目均有积极的作用。

冲泡

【茶具】玻璃杯1个。

【方法】1.冲泡：放入6克婺源茗眉茶叶后，冲入80℃左右的水至玻璃杯七分满即可。

2.品茶：1分钟后即可品饮，入口后鲜爽回甘，回味悠长。

安化松针·炒青绿茶

产地：湖南省安化县。

　　安化松针，产于湖南省安化县，是中国特种绿茶中针形绿茶的代表，因其外形挺直、细秀、翠绿，状似松树针叶而得名。安化松针的制作极为精巧，其制法有如玉露茶，具体操作可分为鲜叶摊放、杀青、揉捻、炒坯、摊凉、整形、干燥、筛拣等八道工序。

茶叶特点

外形：宛如松针，翠绿显毫。

气味：气味浓厚，香纯。

手感：手感圆嫩，松软。

香气：馥郁浓厚。

汤色：清澈明亮。

口感：甘爽甜醇。

叶底：匀整幼嫩。

功效

1.防癌抗癌：安化松针所含茶多酚、儿茶素能杀菌，可降低癌症发生率。

2.养心补血：安化松针中的黄酮醇类成分能起到抗氧化的作用，可以有效防止血液凝块。

冲泡

【茶具】玻璃杯或盖碗1个。

【方法】1.冲泡：取3克安化松针至杯中，冲入85℃左右的水至玻璃杯七分满即可。

2.品茶：片刻后即可品饮。入口后滋味甜醇甘爽，香气香郁浓厚。

南岳云雾茶·烘青绿茶

产地：湖南省中部的南岳衡山。

南岳云雾茶产于湖南省中部的南岳衡山。这里终年云雾缭绕，茶树生长茂盛。南岳云雾茶造型优美，香味浓郁甘醇，久享盛名，早在唐代，已被列为贡品。南岳云雾茶的加工工艺分为杀青、清风、初揉、初干、整形、提毫、摊凉和烘焙八道工序。

茶叶特点

外形： 条索紧细，绿润有光泽。

气味： 有一股浓郁的清香，甜润醉人。

手感： 细薄，手感松软。

香气： 清香浓郁。

汤色： 嫩绿明亮。

口感： 甘醇爽口。

叶底： 清澈明亮。

功效

防癌抗癌、降低辐射伤害：南岳云雾茶中的茶多酚可以阻断亚硝酸胺等多种致癌物质在体内合成，并具有直接杀伤癌细胞和提高机体免疫能力的功效，同时，茶多酚及其氧化产物具有吸收放射性物质锶90和钴60毒害的能力。

冲泡

【茶具】 玻璃杯或盖碗1个。

【方法】 1.冲泡：将热水倒入玻璃杯中进行温杯，而后弃水不用，然后再冲入80℃左右的水至玻璃杯七分满，用茶匙将3克南岳云雾茶茶叶从茶荷中拨入玻璃杯中。

2.品茶：片刻后即可出汤品饮，入口后甘醇爽口，清香浓郁。

桂林毛尖 · 烘青绿茶

产地：广西桂林尧山地带

桂林毛尖为绿茶类新创名茶，20世纪80年代初创制成功。毛尖茶原产于桂林尧山脚下的广西桂林茶叶科研所。该茶滋味醇厚鲜爽。外形秀挺，白毫显露，色泽翠绿，香高持久，味醇甘爽、令人心旷神怡。1993年在泰国曼谷"1993年中国优质农产品及科技成果展览会"中获金奖。

茶叶特点

外形：条索紧细，翠绿光润。
气味：清高，略沾染了杜鹃花之
　　　香气。
手感：嫩匀、紧细，有茸毛感。
香气：清高持久。
汤色：碧绿清澈。
口感：醇和鲜爽。
叶底：嫩绿明亮。

功效

1.保持健康：桂林毛尖茶汤中阳离子含量较多而阴离子较少，可帮助体液维持碱性。

2.降低血压：桂林毛尖茶能降低胆固醇及低密度脂蛋白含量以控制血压。

冲泡

【茶具】玻璃杯或盖碗1个。

【方法】1.冲泡：拨入5克桂林毛尖茶叶至玻璃杯后，冲入温度80℃左右的水至玻璃杯七分满即可。

2.品茶：片刻后即可品饮，茶汤入口后醇和鲜爽，嫩香持久。桂林毛尖茶喝到杯中尚余三分之一左右茶汤时，可加开水，通常以冲泡三次为宜。

天山绿茶 · 炒青绿茶

产地：福建省天山。

天山绿茶为福建烘青绿茶中的极品名茶，原产于西乡天山冈下章后的中天山、铁坪坑和际头的梨坪村。品质特优，尤其是里、中、外天山所产的绿茶品质更佳，称之"正天山绿茶"。天山绿茶素以"三绿"著称，即色泽翠绿，汤色碧绿，叶底嫩绿。该茶很耐冲泡，泡饮三四次后，余香犹存。

茶叶特点

外形：条索紧细，色泽翠绿。

气味：带有淡淡的珠兰花香。

手感：有茸毛感。

香气：清雅持久。

汤色：清澈明亮。

口感：浓厚回甘。

叶底：叶底嫩绿。

功效

1.防癌抗癌：天山绿茶中的茶多酚、儿茶素等成分具有非常好的杀菌作用，能抑制血管老化，可以降低癌症的发生率。

2.提神健脑：天山绿茶所含的咖啡因可让人活力十足，有助于提神健脑。

冲泡

【茶具】玻璃杯或盖碗1个。

【方法】1.冲水：冲入85℃左右的水至玻璃杯七分满即可。

2.投茶：放入3克天山绿茶茶叶后，摇动玻璃杯。

3.品茶：片刻后即可品饮。饮之幽香四溢，齿颊留芳，令人心旷神怡。

西乡炒青 · 炒青绿茶

产地：陕西西乡。

西乡炒青是产自陕西的一种半烘炒绿茶，其制作过程一般经过杀青、分青、揉捻、烘焙和入锅炒制五个步骤。茶叶一芽一叶时即可采摘，此时茶因多酚类物质含量较高而味道浓醇，糖类芳香油使茶香持久浓郁，而氨基酸则令其口感甘爽。

茶叶特点

外形：条索匀整，墨绿油润。

气味：茶气持久、浓郁。

手感：手感紧直。

香气：鲜爽香醇。

汤色：黄绿明亮。

口感：涩中泛甜。

叶底：芽叶成朵。

功效

1.强身健体：西乡炒青中含有维持人体生理系统正常运行的硒、锌等微量元素，经常饮用可提高人体免疫力，强身健体。

2.延缓衰老：西乡炒青属绿茶，其中含有抗氧化的成分，有助于延缓衰老。

冲泡

【茶具】茶壶、品茗杯各1个。

【方法】1.冲泡：将4克西乡炒青茶叶拨入茶壶中，冲入80℃左右开水至杯容量的七分满即可。

2.品茶：约40秒后即可出汤，将茶汤倒入品茗杯中，入口后爽口回甘。

紫阳毛尖 · 晒青绿茶

产地：陕西省紫阳县。

紫阳毛尖产于陕西汉江上游、大巴山麓的紫阳县近山峡谷地区，系历史名茶。紫阳毛尖所用的鲜叶，采自绿茶良种紫阳种和紫阳大叶泡，茶芽肥壮，茸毛多。紫阳毛尖加工工艺分为杀青、初揉、炒坯、复揉、初烘、理条、复烘、提毫、足干、焙香十道工序。

茶叶特点

外形：条索圆紧，翠绿显毫。

气味：嫩香清爽。

手感：手感紧致，重实，有茸毛感。

香气：嫩香持久。

汤色：嫩绿清亮。

口感：鲜爽回甘。

叶底：嫩绿明亮。

功效

1.降糖降脂：紫阳毛尖富含硒元素，适时饮用可延缓衰老，降脂、降糖。

2.保护口腔：紫阳毛尖茶中含有氟和儿茶素，可以抑制生龋菌作用，减少牙菌斑及牙周炎的发生，还可预防牙龈出血和杀灭口腔细菌，保持口腔清洁。

冲泡

【茶具】玻璃杯或盖碗1个。

【方法】1.冲泡：放入5克紫阳毛尖茶叶后，冲入85℃左右的水至玻璃杯七分满即可。

2.品茶：片刻后即可品饮。入口后鲜爽回甜。品用紫阳毛尖茶至少要过三道水，才能品出真味。初品，会觉得味较淡，有小苦；再品，苦中含香，味极浓郁。

崂山绿茶 · 炒青绿茶

产地：山东省青岛市崂山区。

崂山绿茶是山东青岛崂山地区的产品，因茶叶中带有独特的栗子香而备受青睐。崂山绿茶与日照绿茶有相似之处，也是有春夏秋茶之分。而不同的是，崂山绿茶作为"南茶北引"的先例，茶叶产量较低。

茶叶特点

外形：叶片大厚，表露白毫。

气味：带有一种浓郁的豌豆香。

手感：手感比较粗糙。

香气：清而不腻。

汤色：绿中带黄。

口感：不苦不涩。

叶底：芽叶完整。

功效

1.抗衰老：崂山绿茶对人体的抗衰老作用主要体现在能够增强免疫力，从而起到抗衰老的作用。

2.降脂减肥：常饮此茶能降低血液中的血脂及胆固醇，还能帮助消化。

冲泡

【茶具】玻璃杯或者白瓷杯1个。

【方法】1.冲泡：控制茶与水的比例，一杯茶投入3—5克崂山绿茶。可以采用上投法投入崂山茶叶。

2.品茶：崂山绿茶喝完以后可以续杯，宜在茶水喝到一半时续，一杯茶冲泡三四次左右，茶香最好。

日照绿茶 · 炒青绿茶

产地：山东日照。

日照绿茶被誉为"中国绿茶新贵"，集汤色黄丽、栗香浓郁、回味甘醇的优点于一身。日照绿茶具备了中国南方茶所不具备的北方特色，因地处北方，昼夜温差极大，茶叶的生长十分缓慢，但香气高、滋味浓、叶片厚、耐冲泡，素称"北方第一茶"，属绿茶中的皇者。

茶叶特点

外形：条索细紧，翠绿墨绿。
气味：茶叶的香气较高。
手感：均匀，手感细紧。
香气：清高馥郁。
汤色：黄绿明亮。
口感：味醇回甜。
叶底：均匀明亮。

功效

1.养心保健：日照绿茶中富含维生素，常饮能够预防心脑血管疾病。
2.抗辐射：日照绿茶中富含茶多酚和脂多糖等成分，有利于电脑工作者抵御辐射。

冲泡

【茶具】白瓷盖碗或玻璃杯1个。
【方法】1.投茶：取茶入盖碗，倒入开水，来回摇动数次后过滤出来。
2.冲泡：往盖碗中冲入80℃左右的水，至八分满。
3.品茶：约2分钟后即可出汤，闻其香品其韵，日照绿茶的馥郁久久在舌尖上萦绕。

竹叶青 · 炒青绿茶

产地：四川省峨眉山。

峨眉竹叶青于1964年由陈毅命名，此后开始批量生产。四川峨眉山产茶历史悠久，宋代苏东坡题诗赞曰："我今贫病长苦饥，盼无玉腕捧峨眉。"

竹叶青茶采用的鲜叶十分细嫩，加工工艺十分精细。竹叶青茶扁平光滑色翠绿，是形质兼优的礼品茶。

茶叶特点

外形：形似竹叶，嫩绿油润。
气味：气味芳香、明清。
手感：手感细嫩光滑。
香气：高香馥郁。
汤色：黄绿明亮。
口感：香浓味爽。
叶底：嫩绿匀整。

功效

1.排毒减肥：竹叶青茶中含有的咖啡碱、肌醇、叶酸等多种成分，能有效调节脂肪代谢。

2.抑制癌细胞：竹叶青茶中的黄酮类物质有不同程度的体外抗癌作用。

冲泡

【茶具】玻璃杯或盖碗1个。

【方法】1.冲泡：取3克峨眉竹叶青投入玻璃杯中，再冲入80℃左右的水，至玻璃杯七分满即可。

2.品茶：3分钟后即可品饮。入口后鲜嫩醇爽，是解暑佳品。

峨眉毛峰·炒青绿茶

产地：四川省雅安县凤鸣乡。

峨眉毛峰产于四川省雅安县凤鸣乡，原名凤鸡毛峰，现改为峨眉毛峰，是近年来新创制的蒙山地区名茶新秀。峨眉毛峰继承了当地传统名茶的制作方法，引用现代技术，采取烘炒结合的工艺，炒、揉、烘交替，扬烘青之长，避炒青之短，研究成独具一格的峨眉毛峰制作技术。

茶叶特点

外形：条索紧卷，嫩绿油润。
气味：鲜结、略带少许清幽气味。
手感：茶叶卷实、稍有茸毛感。
香气：鲜洁清高。
汤色：微黄而碧。
口感：浓爽回甘。
叶底：嫩绿匀整。

功效

1.提神健脑：经常饮用峨眉毛峰茶具有消除疲劳，提神醒脑的作用，上班一族经常饮用还能帮助提高工作效率。

2.消脂排毒：峨眉毛峰中含有咖啡碱，适当饮用，有助于消脂、排毒。

冲泡

【茶具】透明玻璃杯或盖碗1个。
【方法】1.投茶：将5克峨眉毛峰茶叶投入玻璃杯中。

2.冲泡：在杯中冲入80℃左右的水，七分满即可。

3.品茶：滋味浓爽，有天然的香气，品饮后令人神清气爽，久久回味。

峨眉山峨蕊·炒青绿茶

产地：四川省峨眉山。

唐代有"峨山多药草，茶尤好，异于天下"一说，峨眉山峨蕊主要产于黑水寺、万年寺、龙门洞一带，以香气馥郁著称，是高山优质茶的经典茶种，经过岁月沧桑后，峨蕊茶香飘千里，久享盛誉，产品畅销国内外。

茶叶特点

外形：紧秀匀卷，嫩绿鲜润。
气味：嫩鲜的气味中夹杂着芳香。
手感：匀卷状，手感稍松柔。
香气：清香馥郁。
汤色：碧绿清澈。
口感：鲜爽生津。
叶底：嫩芽明亮。

功效

1.益气健脾：峨蕊香高气爽，常饮此茶可精神爽朗，有益气健脾之功效。

2.消脂减肥：峨蕊茶中的茶多酚和维生素C能降低胆固醇和血脂，适当饮用此茶，能起到减肥作用。

冲泡

【茶具】盖碗1个。

【方法】1.冲泡：先往盖碗中冲入开水后，放4克峨眉山峨蕊茶，水温保持70—80℃。

2.品茶：饮其味，头酌色淡，幽香；二酌翠绿，芬芳；三酌碧青，回甘。

云南玉针 · 炒青绿茶

产地：云南。

云南玉针，又名青针，为新创制茶，因条索纤细尖翘，形似玉针故得名玉针，又因产于云南，又叫云绿，具有色泽绿润，条索肥实，回味甘甜，饮后回味悠长的特点。因为有生津解热、止渴润喉的作用，所以特别适合夏季饮用，令人感觉凉爽舒适。

茶叶特点

外形：挺秀光滑，显毫翠润。

气味：鲜爽中带着悠悠的茶香。

手感：细长均匀，手感光滑。

香气：高爽持久。

汤色：汤色清丽。

口感：鲜爽回甘。

叶底：匀整嫩绿。

功效

1.保健强身：云南玉针具备了预防疾病和抗癌、防辐射、防衰老等作用。

2.消暑止渴：云南玉针有生津解热、润喉止渴的作用，盛夏饮用倍感凉爽。

3.消食祛痰：云南玉针能起到消食利尿、治喘、祛痰、除烦去腻等功效。

冲泡

【茶具】透明玻璃杯1个。

【方法】1.投茶：投入4克云南玉针茶叶，也可根据品茶习惯加减投量。

2.冲泡：将80℃左右的水倒入玻璃杯至八分满，静待1—2分钟。

3.品茶：入口后，让自己陶醉在云南玉针的芬芳馥郁里。

都匀毛尖·炒青绿茶

产地：贵州省都匀市。

　　都匀毛尖由毛泽东于1956年亲笔命名，又名白毛尖、细毛尖、鱼钩茶、雀舌茶，是贵州三大名茶之一。色、香、味、形均有独特个性，形可与太湖碧螺春并提，质能够同信阳毛尖媲美。著名茶界前辈庄晚芳先生曾经写诗赞曰："雪芽芳香都匀生，不亚龙井碧螺春。饮罢浮花清爽味，心旷神怡功关灵！"

茶叶特点

外形：条索卷曲，翠绿油润。
气味：高雅、清新，气味纯嫩。
手感：卷曲不平，短粗。
香气：清高幼嫩。
汤色：清澈明亮。
口感：鲜爽回甘。
叶底：叶底明亮。

功效

1.排毒养颜：都匀毛尖具有净化人体消化器官的作用，具有排毒养颜之效。

2.防癌抗癌：由于都匀毛尖茶叶中抗氧化组合提取物GAT有抑制黄曲霉素、苯并吡等致癌物质的突变作用，故有抑制肿瘤转移的效应。

冲泡

【茶具】玻璃杯1个。

【方法】1.冲泡：将5克都匀毛尖茶叶放入玻璃杯中，冲入80℃左右的水至七分满。

2.品茶：片刻后即可品饮。入口后回味甘香。

遵义毛峰·炒青绿茶

产地：贵州省遵义市湄潭县。

遵义毛峰茶，是绿茶类新创名茶，是为纪念著名的遵义会议于1974年而创制，于每年清明节前后10—15天采摘，经过杀青、揉捻、干燥三道工序制成。因炒制工艺有独到之处，自1978年外运展销以来，深受国内外人士赞赏，是宾客往来和旅游待客、馈赠礼物之佳品。

茶叶特点

外形：紧细圆直，翠绿油润。
气味：清香、鲜润的茶香。
手感：手感柔韧。
香气：清香幽雅。
汤色：碧绿明净。
口感：清醇爽口。
叶底：成朵匀齐。

功效

1.抗衰老：遵义毛峰中含有自由基清除剂SOD，能有效清除过剩自由基。
2.抗菌：遵义毛峰中的儿茶素对引起人体致病的部分细菌有抑制效果，同时又不致伤害肠内有益菌的繁衍，因此具备清肠的功能。

冲泡

【茶具】玻璃杯1个，茶匙、茶荷各1个。
【方法】1.冲泡：用茶匙将4克遵义毛峰茶叶从茶荷中拨入玻璃杯中，倒入少量开水，以浸透茶叶为度。
2.品茶：入口后口感清醇爽口，令人回味无穷。

第四章
红茶

　　红茶的鼻祖在中国，世界上最早的红茶由中国福建武夷山茶区的茶农发明，名为"正山小种"。红茶属于全发酵茶类，是以茶树的芽叶为原料，经过萎凋、揉捻（切）、发酵、干燥等典型工艺过程精制而成。因其干茶色泽和冲泡的茶汤以红色为主调，故名红茶。红茶的种类较多，产地较广。其中祁门红茶闻名天下，工夫红茶和小种红茶处处留香。中国红茶品种主要有：金骏眉、正山小种、祁门红等。

红茶的分类

❀ 小种红茶

小种红茶是福建省的特产，小种红茶中最知名的当属正山小种。

❀ 工夫红茶

工夫红茶从小种红茶演变而来，较著名的品种有滇红工夫、祁门工夫红茶。

❀ 红碎茶

红碎茶是国际茶叶市场的大宗产品，包括滇红碎茶、南川红碎茶等品种。

❀ 混合茶

混合茶通常是指茶和茶的混合，是将不同品种的红茶搭配制成的。

❀ 调味茶

调味茶通常是在红茶中混入水果、花、香草等香味制成的。

红茶的冲泡

❀ 茶具选用

品饮红茶最适合用白色瓷杯或瓷壶冲泡，条件允许的情况下使用骨瓷茶具最佳。

❀ 水温控制

红茶适合用沸水冲泡，最适宜水温是95—100℃。水温如果太高则不利于及时散热，容易将茶汤闷得泛黄而口感苦涩。冲泡两次之后，水温可以适当提高。

❀ 置茶量

红茶冲泡时的茶叶与水的比例与绿茶类似，其比例为1∶50，即1克茶叶需要50毫升的水。

❀ 冲泡方法

1. 按茶汤调味分。

按照红茶出茶汤后的调味与否，可将红茶的冲泡方法分为清饮法和调饮法两种。

清饮法是指将红茶茶叶放入茶壶中，加沸水冲泡，再将茶汤注入茶杯中品饮，不在茶汤中加任何调味品。调饮法是指在泡好的茶汤中加糖、牛奶、蜂蜜等调味。

2. 按花色品种分。

按红茶花色品种的不同，红茶的冲泡方法大体可分为工夫红茶冲泡法和快速红茶冲泡法两种。工夫红茶冲泡法是采用中国传统的工夫红茶冲泡方法，如正山工夫小种、祁门工夫等注重外形、内质、滋味的品种多用冲泡法。快速红茶冲泡法操作起来则较为简单，主要针对红碎茶、袋泡红茶、速溶红茶等红茶品种。

3. 按冲泡茶具分。

按冲泡红茶时使用茶具的不同，可将红茶的冲泡方法分为杯饮法和壶饮法两种。

◎ 冲泡时间

不同的红茶品种，其茶叶冲泡时间不同。原则上，细嫩茶叶的冲泡时间约 2 分钟，大叶茶约 3 分钟，如果是袋装红茶，则只需 40—90 秒。

◎ 适时续水

不需要等到茶杯中的茶汤都喝尽才续水，最佳的续水时间是在茶汤剩下 1/3 的量时，此时续水，既不会稀释茶叶，也可以保持茶的温度和深度。

红茶的贮藏

红茶的贮藏以干燥、低温、避光的环境为最佳，家庭贮藏主要有两种方式。

铁罐贮藏法

选用市场上常见的马口铁双盖茶罐作为容器，将干燥的茶叶放入，再加盖进行密闭处理。这种方法是家庭中常用的做法，使用方便，缺点是不宜长期储存茶叶。

冰箱贮藏法

只要将茶叶放入容器后，密封再放入冰箱内即可。冰箱内温度控制在 5℃ 以下。

九曲红梅 · 工夫红茶

产地：浙江省西湖区周浦乡。

九曲红梅简称"九曲红"，因色红香清如红梅，故称九曲红梅，是杭州西湖区另一大传统拳头产品，是红茶中的珍品。

九曲红梅茶产于西湖区周浦乡的湖埠、上堡、大岭、张余、冯家、灵山、社井、上阳、下阳一带，尤以湖埠大坞山所产的品质最佳。

茶叶特点

外形：弯曲如钩，乌黑油润。

气味：高长而带松烟香般的气味。

手感：茶叶条索疏松，手感较差。

香气：香气芬馥。

汤色：红艳明亮。

口感：浓郁回甘。

叶底：红艳成朵。

功效

1. 提神消疲：经医学实验发现，九曲红梅茶中的咖啡碱可提神，使思考力集中、记忆力增强。

2. 生津清热：茶中的多酚类与口涎产生化学反应，能产生清凉感，可止渴。

冲泡

【茶具】盖碗、茶匙、茶荷各1个，品茗杯3个。

【方法】1. 温杯：将热水倒入碗中进行温杯，而后弃水不用。

2. 冲泡：用茶匙将3克九曲红梅茶叶从茶荷中拨入盖碗中，然后用开水冲泡即可。

3. 品茶：3分钟后即可出汤品饮，倒入杯中，九曲红梅入口后滋味十分浓郁，而且香气馥郁 。

金骏眉·小种红茶

产地：福建省武夷山市。

金骏眉，于2005年由福建武夷山正山茶业首创研发，是在正山小种红茶传统工艺基础上，采用创新工艺研发的高端红茶。该茶茶青为野生茶芽尖，摘于武夷山国家级自然保护区内海拔1200—1800米高山的原生态野茶树，是一种可遇不可求的茶中珍品。

茶叶特点

外形：圆而挺直，金黄油润。
气味：带有复合型的花果香。
手感：手感重实。
香气：清香悠长。
汤色：金黄清澈。
口感：甘甜爽滑。
叶底：呈金针状。

功效

1.抑制动脉硬化：金骏眉茶叶中的茶多酚和维生素C都有活血化瘀、防止动脉硬化的作用。

2.减肥：金骏眉茶中的咖啡碱、叶酸等化合物，对蛋白质和脂肪有分解作用。

冲泡

【茶具】陶瓷茶壶、茶匙、茶荷、茶杯各1个。

【方法】1.温杯：将热水倒入茶壶进行温杯，而后弃水不用。

2.冲泡：然后用茶匙将3克左右的金骏眉茶叶从茶荷中拨入茶壶中，最后再冲入95℃左右的水至八分满。

3.品茶：片刻后即可出汤，倒入茶杯中品饮，入口后甘甜爽滑。

正山小种·小种红茶

产地：福建省武夷山市。

　　正山小种红茶，是世界红茶的鼻祖，又称拉普山小种，是中国生产的一种红茶，正山小种红茶是最古老的一种红茶，茶叶是用松针或松柴熏制而成，有着非常浓烈的香味。因为熏制的原因，茶叶呈黑色，但茶汤为深红色。正山小种产地在福建省武夷山市，受原产地保护。

茶叶特点

外形：紧结匀整，铁青带褐。

气味：带有天然花香。

手感：手感油润。

香气：细而含蓄。

汤色：橙黄清明。

口感：味醇厚甘。

叶底：肥软红亮。

功效

1.解毒功效：正山小种红茶中的茶多碱能吸附重金属和生物碱，并沉淀分解，这对饮水和食品受到工业污染的现代人而言，不啻是一种福音。

2.抗癌：研究发现，正山小种红茶同绿茶一样，同样有很强的抗癌功效。

冲泡

【茶具】陶瓷茶壶、茶匙、茶荷、品茗杯各1个。

【方法】1.温杯：将适量的热水倒入茶壶中进行温杯，而后弃水不用。

2.冲泡：接着用茶匙将3克正山小种茶叶从茶荷中拨入茶壶中，再冲入95℃左右的水即可。

3.品茶：片刻后即可出汤，倒入品茗杯中品饮，入口后味醇厚甘。

越红工夫 · 工夫红茶

产地：浙江绍兴。

越红工夫系浙江省出产的工夫红茶，以条索紧结挺直、重实匀齐、锋苗显、净度高的优美外形著称。越红毫色呈银白或灰白。浦江一带所产的红茶香气较高，滋味也比较浓一些，镇海红茶较细嫩。总的来说，越红条索虽美观，但叶张较薄，香味较差。

茶叶特点

外形：紧细挺直，乌黑油润。

气味：因叶张较薄，气味较差。

手感：手感较实。

香气：香味纯正。

汤色：汤色红亮。

口感：醇和浓爽。

叶底：叶底稍暗。

功效

1.养胃护胃：越红工夫是全发酵性茶叶，茶多酚在氧化酶的作用下发生酶促氧化反应，能够养胃，还能消炎，保护胃黏膜。

2.抑制动脉硬化：越红工夫茶叶中的茶多酚和维生素C能防止动脉硬化。

冲泡

【茶具】盖碗1个，品茗杯3个。

【方法】1.温杯：约取3克左右越红工夫茶，放入盖碗中，将热水倒入盖碗中进行温杯，而后弃水不用。

2.冲泡：再往盖碗中冲入95℃左右的水冲泡即可。

3.品茶：片刻后即可品饮，将茶汤倒入品茗杯中，入口后滋味浓爽，香气纯正，有淡香草味。

苏红工夫 · 工夫红茶

产地：江苏宜兴。

苏红工夫属红茶，因此也被称为"宜兴红茶"或"阳羡红茶"。宜兴产茶历史悠久，古代宜兴被称为"阳羡"，作为贡茶，陆羽首先推荐给唐朝官廷的就是"阳羡茶"。

苏红以楮叶和鸠坑两种茶树品种的鲜叶为原料，只加工成红条茶。

茶叶特点

外形：条索紧细，乌润光泽。

气味：鲜甜有果香。

手感：手感均匀光滑。

香气：甜醇甘香。

汤色：淡红明亮。

口感：深厚甘醇。

叶底：厚软红亮。

功效

1.利尿：苏红工夫中的咖啡碱和芳香物质联合作用，能增加肾脏的血流量，提高肾小球过滤率，促成尿量增加。

2.生津清热：苏红工夫茶中含有的多酚类、糖类等能滋润口腔，生津解热。

冲泡

【茶具】盖碗、品茗杯各1个。

【方法】1.温杯：取3克左右的苏红工夫投入盖碗中，然后将热水倒入盖碗中进行温杯，而后弃水不用。

2.冲泡：再往盖碗中冲入95℃左右的水至七分满即可。

3.品茶：将茶汤倒入品茗杯中，入口后滋味浓厚甘醇，回味无穷。

宜兴红茶 · 工夫红茶

产地：江苏省宜兴市。

宜兴红茶，又称阳羡红茶，又因其兴盛于江南一带，故享有"国山茶"的美誉。宜兴红茶源远流长，唐朝时誉满天下，尤其是唐代有"茶仙"之称的卢仝曾有诗句云"天子未尝阳羡茶，百草不敢先开花"，当时则将宜兴红茶文化推向了极致。

茶叶特点

外形： 紧结秀丽，乌润显毫。
气味： 隐显玉兰花香。
手感： 手感匀细。
香气： 清鲜纯正。
汤色： 红艳鲜亮。
口感： 鲜爽醇甜。
叶底： 鲜嫩红匀。

功效

1.预防疾病：经常用红茶漱口能预防由于病毒引起的感冒以及其他疾病。

2.增强抵抗力：红茶中的多酚类有抑制破坏骨细胞物质的活力，可增强人体抵抗力。

冲泡

【茶具】紫砂壶1个，茶杯3个。

【方法】1.冲泡：将热水倒入壶中进行温杯，冲入95℃左右的水至七分满左右，然后将3克宜兴红茶快速放进紫砂壶中，加上盖子，再稍微地摇动。

2.品茶：倒入茶杯中，每次出汤都要倒尽，之后每次冲泡加5—10秒钟，入口后浓厚甜润。

宁红工夫 · 工夫红茶

产地：江西修水县。

修水古称定州，所产红茶取名宁红工夫茶，简称宁红。它属于红茶类，是我国最早的工夫红茶之一。在唐代时，修水县盛产茶叶，生产红茶则始于清朝道光年间，到19世纪中叶，宁州工夫红茶成为著名的红茶之一。1914年，宁红工夫茶参加上海赛会，荣获"茶誉中华，价甲天下"的大匾。

茶叶特点

外形：紧结秀丽，乌黑油润。

气味：香醇而持久。

手感：手感丰厚。

香气：香味持久。

汤色：红艳清亮。

口感：浓醇甜和。

叶底：红亮匀整。

功效

1.提神消疲：宁红工夫茶中含有咖啡碱，可提神除疲劳、使思考力集中。

2.消炎杀菌：宁红工夫茶中的儿茶素类能与单细胞的细菌结合，借此抑制和消灭病原菌。

冲泡

【茶具】盖碗、茶匙、茶荷各1个，品茗杯数个。

【方法】1.冲泡：用茶匙从茶荷中将3克宁红工夫茶叶投入盖碗中，再冲入95℃左右的热水即可。

2.品茶：2分钟后即可倒入品茗杯中，入口后滋味浓醇甜和，茶的滋味比较持久，夏季常饮可消暑提神。

宜红工夫 · 工夫红茶

产地：湖北省宜昌市。

宜红工夫茶产于鄂西山区的鹤峰、长阳、恩施、宜昌等县，是湖北省宜昌、恩施两地区的主要土特产品之一。始于19世纪中叶，至今已有百余年历史，早在茶圣陆羽的《茶经》之中便有相关的记载。因其加工颇费工夫，所以又称为"宜红工夫茶"。

茶叶特点

外形：紧细秀丽，乌黑显亮。
气味：甜纯而清远。
手感：手感重实。
香气：栗香悠远。
汤色：红艳明亮。
口感：醇厚鲜爽。
叶底：红亮匀整。

功效

1.解毒：宜红工夫茶中的茶多酚能吸附重金属和生物碱，具有解毒功效。

2.强壮骨骼：红茶中的多酚类能抑制破坏骨细胞物质的活力，可帮助防治骨质疏松症。

冲泡

【茶具】茶壶、茶匙、茶荷各1个，品茗杯1个。

【方法】1.温杯：用茶匙将3克宜红工夫从茶荷中拨入茶壶中，将热水倒入茶壶中进行温杯，而后弃水不用。

2.冲泡：再冲入95℃左右的水即可。

3.品茶：2分钟后即可倒入品茗杯中品饮，入口后滋味醇厚鲜爽。

海红工夫 · 工夫红茶

产地：海南省五指山和尖峰岭。

海红工夫为海南大叶种茶，主要产自海南省五指山和尖峰岭一带。海南大叶种是海南的产茶原料中极重要的一种，以其为原料，再经过一系列工艺加工而成的海红工夫也逐渐发展成为海南的重要茶种之一。茶叶外形条索粗壮紧结，色泽乌黑油润，内质汤色红亮，香气高而持久。

茶叶特点

外形：粗壮紧结，乌黑油润。

气味：甜爽，具有蜜兰香味。

手感：匀整而平滑。

香气：香高持久。

汤色：红艳明亮。

口感：浓强鲜爽。

叶底：红亮匀整。

功效

1.抗衰老：海红工夫茶叶中含有的抗氧化剂，能起到抵抗老化的作用。

2.杀菌：海红工夫茶叶中含有的儿茶素，能对引起疾病的部分细菌起到抑制作用，同时又不会伤害到肠内有益菌的繁衍，有调节肠胃、除菌整肠的作用。

冲泡

【茶具】盖碗、茶匙、品茗杯各1个。

【方法】1.温杯：将热水倒入盖碗中进行温杯，而后弃水不用。

2.冲泡：用茶匙取3克海红工夫倒入盖碗中，冲入95℃左右的水至七分满。

3.品茶：每次出汤都要倒尽，之后每次冲泡加5—10秒钟。入口后浓强鲜爽。

政和工夫 · **工夫红茶**

产地：**福建省政和县。**

　　政和工夫茶为福建省三大工夫茶之一，亦为福建红茶中最具高山品种特色的条型茶。原产于福建北部，以政和县为主要的产区。政和工夫以大茶为主体，扬其毫多味浓之优点，又适当拼以高香之小茶，因此高级政和工夫体态匀称、毫心显露、香味俱佳。

 茶叶特点

外形：条索肥壮，乌黑油润。
气味：有一股颇似紫罗兰的香气。
手感：手感轻盈，质感较好。
香气：浓郁芬芳。
汤色：红艳明亮。
口感：醇厚甘爽。
叶底：红匀鲜亮。

功效

1.利尿：政和工夫茶中的咖啡碱和芳香物质联合作用，能抑制肾小管对水的再吸收，可促成尿量增加。
2.扩张血管：心脏病患者常饮此茶血管舒张度可从6%增加到10%。

冲泡

【茶具】盖碗、茶荷、茶杯各1个。
【方法】1.温杯：将适量的热水倒入盖碗中进行温杯，弃水不用。
2.冲泡：从茶荷中取3克左右的政和工夫茶叶倒入盖碗中，再冲入95℃左右的水至八分满即可。
3.品茶：片刻后即可倒入杯中品饮，入口后滋味醇厚回甘。

川红工夫·工夫红茶

产地：四川省宜宾市。

川红工夫是中国三大高香红茶之一，是20世纪50年代创制的工夫红茶。川红工夫精选本土优秀茶树品种种植，以提采法甄选早春幼嫩饱满芽叶精制而成。顶级产品以金芽秀丽，香气馥郁，回味悠长为品质特征。川红之珍品"早白尖"更是以香气鲜嫩浓郁的品质特点获得了人们的高度赞誉。

茶叶特点

外形：肥壮圆紧，乌黑油润。

气味：清幽中带有橘糖香。

手感：手感光滑。

香气：香气清鲜。

汤色：浓亮鲜丽。

口感：醇厚鲜爽。

叶底：厚软红匀。

功效

1.舒张血管：研究发现，心脏病患者每天喝4杯川红工夫红茶，血管舒张度可以从6%增加到10%。常人在受刺激后，则舒张度会增加13%。

2.消炎杀菌：川红工夫茶中的多酚类化合物具有消炎的功效。

冲泡

【茶具】透明茶壶、茶匙、茶荷、品茗杯各1个。

【方法】1.冲泡：将热水倒入茶壶中进行温杯，而后弃水不用，用茶匙将3克川红工夫茶叶从茶荷中拨入茶壶中，再冲入90℃左右的水即可。

2.品茶：见茶叶徐徐伸展，汤色浓亮，香气清鲜，叶底厚软红匀，静待3分钟后倒入品茗杯中品饮，入口后醇厚鲜爽。

信阳红茶·红碎茶

产地：河南省信阳市。

信阳红茶，是以信阳毛尖绿茶为原料，选取其一芽二叶、一芽三叶优质嫩芽为茶坯，经过萎凋、揉捻、发酵、干燥等九道工序加工而成的一种茶叶新品。信阳红茶属于新派红茶，具有"品类新、口味新、工艺新、原料新"的特点，其保健功效也逐渐受到人们重视。

茶叶特点

外形：紧细匀整，乌黑油润。
气味：带有"蜜糖香"的气味。
手感：柔软均匀。
香气：醇厚持久。
汤色：红润透亮。
口感：绵甜厚重。
叶底：嫩匀柔软。

功效

1.提神作用：茶叶中含有的咖啡碱可兴奋神经中枢，达到提神醒脑、提高注意力的作用。

2.保护骨骼：茶叶中含有的多酚类化合物可对骨质疏松症起到很好的辅助治疗作用。

冲泡

【茶具】盖碗、茶杯各1个。
【方法】1.冲泡：先将适量的热水倒入盖碗，进行温杯，而后弃水不用，取5克左右的信阳红茶投入盖碗中，而后冲入95℃左右的水至八分满，闷泡即可。

2.品茶：将盖碗中茶汤倾倒而出，置于茶杯中，入口后绵甜厚重。

峨眉山红茶·红碎茶

产地：四川省峨眉山。

峨眉山红茶是在绿茶的基础上以适宜的茶树新芽叶为原材料，经过凋萎、揉捻、发酵、干燥等过程精制而成。峨眉山红茶外形细紧，锋苗秀丽，棕褐油润，金毫显露，韵味悠扬，极其珍罕。且其具有健胃养胃的良好保健作用，日益被人们所重视。

茶叶特点

外形：金毫显露。

气味：清香高远。

手感：油润平滑。

香气：甜香浓郁。

汤色：汤色红亮。

口感：甘甜爽滑。

叶底：红润明亮。

功效

1.温胃养胃：峨眉山红茶具有温胃养胃作用，可去油腻、助消化，是老少皆宜的纯天然保健品。

2.改善血管功能：峨眉山红茶能够改善人体的血管功能，对健康有明显益处。

冲泡

【茶具】紫砂壶、茶碗各1个，茶杯数个。

【方法】1.温杯：用适量的沸水冲入壶内，继而倒出不用。

2.冲泡：取5克左右的峨眉山红茶茶叶，将其浸泡在茶壶的沸水中，茶水的比例约为1∶50，冲泡3—5分钟。

3.品茶：将茶汤倒入茶杯，峨眉山红茶入口后甘甜爽滑，口感甚佳。

黔红工夫 · 工夫红茶

产地：贵州省遵义市湄潭县。

黔红工夫是中国红茶的后起之秀，发源于贵州省遵义市湄潭县，于20世纪50年代兴盛，其原料源于茶场的大叶型品种、中叶型品种和地方群体品种。虽然目前黔红茶中以红碎茶的市场份额最大，但是，黔红工夫依然占据重要的地位，其上品茶的鲜爽度和香味甚至可以和优质的锡兰红茶相媲美。

茶叶特点

外形：肥壮匀整。
气味：浓厚的蜜糖香。
手感：轻盈匀嫩。
香气：清高悠长。
汤色：红艳明亮。
口感：甜醇鲜爽。
叶底：红艳明亮。

功效

1.抗衰老：黔红工夫茶叶中含有的抗氧化剂，能起到抵抗老化的作用，对保护皮肤、抚平细纹等都有很好的功效，因此常饮有益。

2.杀菌：黔红工夫茶叶所含儿茶素能对引起疾病的部分细菌起抑制作用。

冲泡

【茶具】盖碗、茶匙、茶荷各1个。

【方法】1.温杯：将热水倒入盖碗中进行温杯，而后弃水不用。

2.冲泡：用茶匙将3克黔红工夫茶叶从茶荷中拨入茶壶中，用开水冲泡。

3.品茶：片刻后，可见汤色红艳明亮，香气清高悠长，此茶入口后甜醇鲜爽。

滇红工夫 · 工夫红茶

产地：云南省临沧市。

　　滇红工夫茶创制于1939年，产于滇西南，属大叶种类型的工夫茶，是中国工夫红茶的新葩。滇红工夫茶以外形肥硕紧实、金毫显露和香高味浓的品质独树一帜，著称于世。该茶叶的多酚类化合物、生物碱等成分含量，居于中国茶叶之首。

茶叶特点

外形：紧直肥壮，乌黑油润。

气味：气味馥郁。

手感：油润光滑。

香气：高醇持久。

汤色：红浓透明。

口感：浓厚鲜爽。

叶底：红匀明亮。

功效

1.利尿：在滇红工夫茶中的咖啡碱和芳香物质联合作用下，可促成尿量增加，有利于排尿和缓解水肿。

2.消炎：滇红工夫茶茶中的多酚类化合物具有良好的消炎效果。

冲泡

【茶具】茶壶、茶匙、茶荷、茶杯各1个。

【方法】1.冲泡：将热水倒入茶壶中进行温杯，而后弃水不用，用茶匙将3克滇红工夫茶叶从茶荷中拨入茶壶中，再冲入100℃左右的水即可。

2.品茶：片刻后即可出汤，将茶汤倒入茶杯中品饮，此茶入口后滋味浓厚鲜爽。

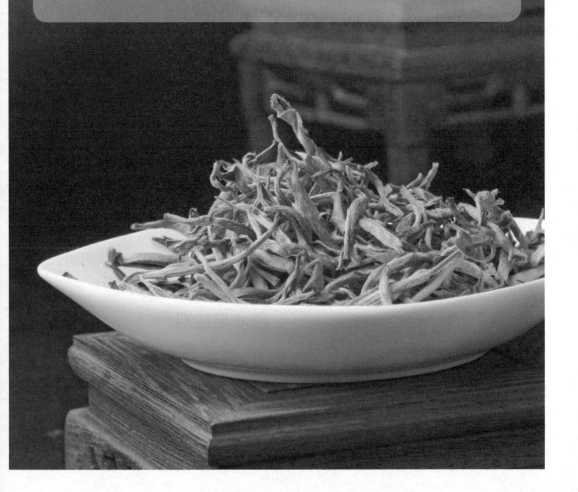

第五章
黄茶

人们从炒青绿茶中发现，由于杀青、揉捻后干燥不足或不及时，叶色变黄，于是产生了新的茶类——黄茶。

黄茶是轻度发酵茶，根据茶叶的嫩度和大小分为黄芽茶、黄大茶和黄小茶。主要产自安徽、湖南、四川、浙江等省，较有名的黄茶品种有莫干黄芽、霍山黄芽、君山银针、北港毛尖等。

黄茶的分类

黄芽茶

黄芽茶是黄茶中的佼佼者，要求芽叶要"细嫩、新鲜、匀齐、纯净"。黄芽茶的茶芽最细嫩，是采摘春季萌发的单芽或幼嫩的一芽一叶，再经过加工制成的，幼芽色黄而多白毫，故名黄芽，香味鲜醇。

最有名的黄芽茶品种有君山银针、蒙顶黄芽和霍山黄芽。

黄小芽

黄小芽对茶芽的要求不及黄芽茶的细嫩，但也秉承了"细嫩、新鲜、匀齐、纯净"的原则，采摘较为细嫩的芽叶进行加工，一芽一叶，条索细小。

黄小茶目前在国内的产量不大，主要品种有北港毛尖、沩山毛尖、远安鹿苑和平阳黄汤。

黄大芽

黄大芽创制于明代隆庆年间，距今已有四百多年历史，是中国黄茶中产量最多的一类。黄大茶对茶芽的采摘要求也较宽松，其鲜叶采摘要求大枝大杆，一般为一芽四五叶，长度为 10—13 厘米。

黄茶的冲泡

茶具选用

冲泡黄茶时的茶具选用与其他茶种相似，可以选择玻璃杯或者茶碗进行冲泡。选择玻璃杯更适合欣赏茶叶在冲泡过程中的变化，而选择茶碗则对冲泡工艺更讲究，更适合用于品尝茶汤的滋味。

水温控制

冲泡黄茶的水温控制在90℃左右，可以更好地让黄茶溶于水中。

◎ 置茶量

冲泡黄茶时的置茶量通常宜控制在所选茶具的四分之一左右，而茶水比例以 1 ：50 为宜，这样冲泡出来的茶汤既不会太浓，也不至于太淡，品饮的滋味更好。当然，具体的置茶量也可以根据个人喜好的口感进行适度调整。

◎ 冲泡方法

相比绿茶、乌龙茶，黄茶的冲泡方法较为简单，步骤也简单，操作起来更便捷。

第一种是传统的黄茶冲泡方法：先清洁茶具，按置茶量放入茶叶，再按茶水比例先倒入一半的水，浸泡黄茶叶约一分钟，再倒入另一半水；冲泡的时候提高水壶，让水自高而下冲，反复提举三次，有利于提高茶汤的品质。

第二种是简易的黄茶冲泡方法：取玻璃杯或白瓷杯，根据个人口味放入适量茶叶，冲入冷却至90℃的少量沸水，泡30秒，再冲水至八分满，静置2—3分钟后即可饮用。一次茶叶最多可冲泡三四次茶汤。

◎ 冲泡时间

通常，黄茶第一泡的冲泡时间宜控制在3秒左右，但第一泡的茶水应倒掉，为了去除黄茶中的杂质。接着再继续冲泡，时间可适当增加至四、五秒，但也不宜将茶叶泡太久，否则丢失了茶的香味。

◎ 适时续水

在每次茶汤剩下三分之一的时候，即可续水，水温以90℃为宜，这样能使每次冲泡的黄茶茶汤口感都好。大概冲泡四五次之后，如果茶味变淡，即可弃茶不用。

黄茶的贮藏

黄茶跟绿茶相比，其陈化变质的过程较慢，因此贮藏起来较方便，也更易贮藏。家庭贮藏黄茶，一般可以先将其放入干燥、无异味的容器内，尽量隔绝空气，再加盖密封，还要注意避免阳光照射、远离高温，同时，不与容易串味的物品放在一起，这样便可较长时间保证黄茶的品质。

莫干黄芽 · 黄芽茶

产地：浙江省德清县。

莫干黄芽，又名横岭1号，为浙江省第一批省级名茶之一。德清县常年云雾笼罩，空气湿润；土质多酸性灰、黄壤，腐殖质丰富，为茶叶的生长提供了优越的环境。此茶属莫干云雾茶的上品，其品质特点是"黄叶黄汤"，这种黄色是制茶过程中进行闷堆渥黄的结果。

茶叶特点

外形：细如雀舌，黄嫩油润。

气味：清爽嫩香。

手感：细嫩光滑。

香气：清鲜幽雅。

汤色：橙黄明亮。

口感：鲜美醇爽。

叶底：细嫩成朵。

功效

1.祛除胃热：黄茶性微寒，适合于胃热者饮用。莫干黄芽茶中的消化酶，有助于缓解消化不良、食欲不振。

2.预防食道癌：莫干黄芽茶中的可溶性糖等，对防治食管癌有明显功效。

冲泡

【茶具】白瓷盖碗、茶匙、茶荷、茶杯各1个。

【方法】1.温杯：将热水倒入盖碗进行温杯，而后弃水不用。

2.冲泡：用茶匙将3克左右的莫干黄芽茶叶从茶荷中拨入盖碗中，再冲入开水。

3.品茶：2分钟后即可出汤倒入茶杯中品饮，莫干黄芽茶汤入口后滋味醇爽，而且带有清鲜的香气。

霍山黄芽 · 黄芽茶

产地：安徽霍山。

霍山黄芽产于安徽霍山大花坪金子山、漫水河金竹坪、上土市九宫山、单龙寺、磨子潭、胡家河等地。霍山黄芽源于唐朝之前。唐李肇《国史补》曾把寿州霍山黄芽列为十四品目贡品名茶之一。霍山黄芽为不发酵自然茶，保留了鲜叶中的天然物质，富含茶多酚、维生素等多种有益成分。

茶叶特点

外形：形似雀舌，嫩绿披毫。
气味：清香持久。
手感：鲜嫩柔软。
香气：茶香浓郁。
汤色：黄绿清澈。
口感：鲜醇浓厚。
叶底：嫩黄明亮。

功效

1.降脂减肥：黄芽茶中的茶多酚可降低血脂，起到减肥降脂的作用。
2.增强免疫力：此茶可提高白细胞、淋巴细胞的数量和活性，促进脾脏细胞中白细胞间素的形成，从而增强人体免疫力。

冲泡

【茶具】玻璃杯、茶匙、茶荷各1个。
【方法】1.冲泡：用茶匙将4克霍山黄芽茶叶从茶荷中拨入到玻璃杯中，冲入80℃左右的水冲泡即可。
2.品茶：片刻后，只见汤色黄绿清澈，香气清香持久，叶底嫩黄明亮，即可品饮。

蒙顶黄芽·黄芽茶

产地：四川蒙山。

蒙顶黄芽，属黄茶，为黄茶之极品。20世纪50年代，蒙顶茶以黄芽为主，近来多产甘露，黄芽仍有生产。采摘于春分时节，茶树上有10%的芽头鳞片展开，即可开园采摘。选圆肥单芽和一芽一叶初展的芽头，经复杂制作工艺，制成茶芽条匀整，扁平挺直。

茶叶特点

外形：扁平挺直，色泽黄润。

气味：甜香怡人。

手感：光滑平直。

香气：甜香鲜嫩。

汤色：黄中透碧。

口感：甘醇鲜爽。

叶底：全芽嫩黄。

功效

1.护齿明目：黄芽茶叶含氟量较高，常饮此茶对护牙坚齿、防龋齿等有明显作用。

2.抗衰老：蒙顶黄芽中含有丰富的维生素C和类黄酮，能抗氧化、抗衰老。

冲泡

【茶具】透明玻璃杯1个，茶匙1个。

【方法】1.冲泡：用茶匙将3克蒙顶黄芽茶叶拨入玻璃杯中，冲入85℃左右的水冲泡即可。

2.品茶：泡好的蒙顶黄芽汤色黄中透碧，香气甜香鲜嫩，叶底全芽嫩黄，品饮后甘醇鲜爽。

北港毛尖 · 黄小芽

产地：湖南省岳阳市北港。

　　北港毛尖是条形黄茶的一种，在唐代有记载，清代乾隆年间已有名气。茶区气候温和，雨量充沛，形成了北港茶园得天独厚的自然环境。北港毛尖鲜叶一般在清明后五六天开园采摘，要求一号毛尖原料为一芽一叶，二号、三号毛尖为一芽二、三叶。于1964年被评为湖南省优质名茶。

茶叶特点

外形：芽壮叶肥，呈金黄色。
气味：新茶的茶香较为明显。
手感：扁平光滑。
香气：香气清高。
汤色：汤色橙黄。
口感：甘甜醇厚。
叶底：嫩黄似朵。

功效

1.抗御辐射：北港毛尖含有防辐射的有效成分，包括茶多酚类化合物、脂多糖、维生素等，能够达到抗辐射效果。

2.抗衰老：北港毛尖茶中含有维生素C和类黄酮，能有效抗氧化和抗衰老。

冲泡

【茶具】玻璃杯、茶匙、茶荷各1个。

【方法】1.冲泡：用适量开水温杯，而后弃水不用，然后再用茶匙将5克左右的北港毛尖茶叶从茶荷中拨入玻璃杯中，而后冲入85℃左右的水冲泡即可。

2.品茶：冲泡后，等待2分钟左右，只见汤色橙黄，香气清高，叶底嫩黄似朵，入口后滋味醇厚。

沩山毛尖 · 黄小芽

产地：湖南宁乡。

沩山毛尖产于湖南省宁乡县，历史悠久。1941年《宁乡县志》载："沩山茶雨前采制，香嫩清醇，不让武夷、龙井。商品销甘肃、新疆等省，久获厚利，密印寺院内数株味尤佳。"沩山毛尖制作分杀青、焖黄、轻揉、烘焙、拣剔、熏烟等六道工序。

茶叶特点

外形：叶缘微卷，肥硕多毫，黄亮油润。

气味：有特殊的松烟香。

手感：手感温润。

香气：芬芳浓厚。

汤色：橙黄明亮。

口感：醇甜爽口。

叶底：黄亮嫩匀。

功效

1.抗衰老：沩山毛尖茶中含有茶多酚类化合物和脂多糖，能够起到抗氧化、抗衰老的作用。

2.护齿明目：此茶含氟量较高，能起到护齿明目的作用。

冲泡

【茶具】茶壶、茶匙、茶荷各1个，茶杯数个。

【方法】1.冲泡：用茶匙将3克左右的沩山毛尖茶叶从茶荷中拨入茶壶中，然后倒入开水冲泡。

2.品茶：等待2分钟左右，可以闻到冲泡后的茶香芬芳，将其倒入茶杯中即可品用。入口后醇甜爽口，令人回味无穷。

第六章
白茶

　　白茶属于轻微发酵茶，外观呈白色，因其成品茶多为芽头，满披白毫，如银似雪而得名，是我国茶类中的特殊珍品。

　　白茶的制作工序包括萎凋、烘焙（或阴干）、拣剔、复火等工序。萎凋是形成白茶品质的关键工序。但现代白茶的制作工序一般只有萎凋、干燥两道工序。白茶主要产于福建省的福鼎、政和、建阳等地，著名的品种有白牡丹、寿眉等。

白茶的分类

白芽茶

白芽茶的外形芽毫完整，满身披毫，属于轻微发酵茶，主产自福建福鼎、政和两地，其典型代表有白毫银针。

白叶茶

白叶茶的特别之处则在于其自身带有的特殊花蕾香气，典型代表有白牡丹、贡眉、寿眉等。

白茶的冲泡

茶具选用

白茶的冲泡较自由，可选用的茶具较多，有玻璃杯、盖碗、茶壶、瓷壶等。

水温控制

通常，冲泡白茶时选择90℃左右的开水来温杯、洗茶、泡茶。

置茶量

小容器冲泡，置茶量为5—10克；如果用较大容器冲泡，则置茶量为10—15克。

冲泡方法

白茶的冲泡方法可分为杯泡法、盖碗法、壶泡法、大壶法、煮饮法5种。

1. 杯泡法

取透明玻璃杯一个，放入适量白茶，先注入少许90℃开水洗茶温润，再注入剩余开水至玻璃杯八分满，稍温泡几秒即可品饮，可根据个人口感自由掌握置茶量。

2. 盖碗法

取盖碗一个，入白茶洗茶，再注入开水至溢出盖碗，静置30—45秒后即可出汤。

3. 壶泡法

取紫砂壶一个，入白茶洗茶，再注入开水洗茶，再注入剩余开水至八分满即可。

4. 大壶法

取大瓷壶一个，放入 10—15 克白茶茶叶，直接注入 90℃开水冲泡茶叶，稍静置 40 秒即可倒出茶汤品饮。

5. 煮饮法

取煮水锅一个，倒入适量清水，再投入 10 克左右的白茶茶叶，小火煮 3 分钟左右至出浓茶汤，待凉至 70℃左右即可品饮。

◎ 冲泡时间

白茶较耐冲泡，一般在冲泡入沸水 40 秒后，即可出汤品饮，具体可根据个人喜好，稍快或稍慢出汤。

◎ 适时续水

不需要等到茶杯中的茶汤都喝尽才续水，最佳的续水时间是在茶汤剩下 1/3 的量时，此时续水，既不会稀释茶叶，也可以保持茶的温度和深度。

白茶的贮藏

要选择干燥、低温、避光的地方贮藏白茶，常见的方式有以下两种：

冰箱贮藏法

将白茶用塑料袋或者陶瓷罐、铁罐装起来，进行密封，之后将茶叶贮藏在冰箱冷藏室内，贮藏温度最好为 5℃，这样可以避免阳光折射，且符合低温的条件。

生石灰贮藏法

将白茶茶叶用纸袋装起来，放入容器内，再将生石灰用布袋包好，置于容器中，与茶叶同放，再将容器进行密封处理，且远离异味即可。

白牡丹 · 白叶茶

产地：福建政和、建阳、福鼎、松溪等县。

　　白牡丹，产于福建政和、建阳、福鼎、松溪等县，是中国福建历史名茶。采用福鼎大白茶、福鼎大毫茶为原料，经过传统工艺加工而成。白茶主要品种有白牡丹、白毫银针。因其形似花朵，冲泡后绿叶托着嫩芽，宛如蓓蕾初放，故得美名白牡丹茶。

茶叶特点

外形：叶张肥嫩。

气味：毫香鲜嫩持久。

手感：肥壮，触碰时有茸毛感。

香气：毫香浓显。

汤色：杏黄明净。

口感：鲜爽清甜。

叶底：叶底浅灰。

功效

1.防辐射：白牡丹茶中含有防辐射物质，能减少辐射对人体的危害。

2.明目：白牡丹茶中还含有丰富的维生素A原，它被人体吸收后，能迅速转化为维生素A，可预防夜盲症与干眼症。

冲泡

【茶具】透明玻璃杯、茶匙、茶荷各1个。

【方法】1.温杯：将热水倒入玻璃杯中进行温杯，而后弃水不用。

2.冲泡：用茶匙将5克左右的茶叶从茶荷中拨入玻璃杯中，再冲入90℃左右的水冲泡即可。

3.品茶：片刻后即可品饮，茶汤入口后醇厚清甜，尤其适合夏季消暑的时候饮用。

白毫银针·白芽茶

产地：福建省福鼎市。

　　白毫银针，简称银针，又叫白毫，产于福建省福鼎市政和县。素有茶中"美女""茶王"之美称。由于鲜叶原料全部是茶芽，白毫银针制成成品茶后，形状似针，白毫密被，色白如银，因此命名为白毫银针。冲泡后，香气清鲜，滋味醇和，杯中的茶叶的形态也使人情趣横生。

茶叶特点

外形：茶芽肥壮。
气味：清鲜温和。
手感：肥嫩光滑。
香气：毫香浓郁。
汤色：清澈晶亮。
口感：甘醇清鲜。
叶底：黄绿嫩匀。

功效

1.治麻疹：白毫银针可防暑、解毒、治牙痛，尤其是陈年的白毫银针茶可用作患麻疹的幼儿的退烧药，其退烧效果比抗生素更好。

2.促进血糖平衡：白毫银针茶中含有人体所必需的活性酶，能促进血糖平衡。

冲泡

【茶具】透明玻璃杯、茶匙、茶荷各1个。

【方法】1.温杯：将热水倒入玻璃杯中进行温杯，而后弃水不用。

2.冲泡：用茶匙将5克左右的白毫银针茶叶从茶荷中拨入玻璃杯中，而后冲入90℃左右的水冲泡即可。

3.品茶：稍等片刻后即可品饮，入口后滋味甘醇清鲜，品尝的时候还能闻到浓郁的茶香。

贡眉 · 白叶茶

产地：福建省建阳县。

贡眉，有时称作寿眉，产于福建建阳县。用茶芽叶制成的毛茶称为"小白"，以区别于福鼎大白茶、政和大白茶茶树芽叶制成的"大白"毛茶。茶芽曾用以制造白毫银针，其后改用大白制白毫银针和白牡丹，而小白则用以制造贡眉。一般以贡眉表示上品，质量优于寿眉。

茶叶特点

外形：形似扁眉。

气味：气味鲜纯。

手感：扁薄滑腻。

香气：香高清鲜。

汤色：绿而清澈。

口感：醇厚爽口。

叶底：嫩匀明亮。

功效

1.明目：贡眉茶中还含有丰富的维生素A原，可预防夜盲症与干眼症。

2.防辐射：贡眉茶还含有防辐射物质，对人体的造血机能有显著的保护作用，能减少电视辐射的危害。

冲泡

【茶具】透明玻璃杯1个。

【方法】1.冲泡：贡眉茶放入玻璃杯中，然后往杯中冲入90℃左右的水即可。

2.品茶：只见茶叶徐徐伸展，汤色绿而清澈，香气香高清鲜，叶底嫩匀明亮，片刻后即可品饮。

月光白 · 白叶茶

产地：云南省思茅地区。

月光白，又名月光美人，它的形状奇异，一芽一叶，一面白，一面黑，表面绒白，叶芽显毫白亮，看上去犹如一轮弯弯的月亮，就像月光照在茶芽上，故此得名。月光白采用普洱古茶树的芽叶制作，因其采摘手法独特，且制作的工艺流程秘而不宣，因此更增添了几分神秘色彩。

茶叶特点

外形：弯弯如月，茶绒纤纤。
气味：强烈的花果香。
手感：温润饱满。
香气：馥郁缠绵，脱俗飘逸。
汤色：金黄透亮。
口感：醇厚饱满，香醇温润。
叶底：黄绿嫩匀。

功效

1.护肤：茶叶中含有的醇酸，能起到去除死皮的作用，促使新细胞更快到达皮肤表层，有护肤作用。

2.减肥：茶叶中含有茶多酚类化合物，能起到一定的减肥功效。

冲泡

【茶具】紫砂壶、茶匙、茶荷各1个，茶杯数个。

【方法】1.冲泡：用茶匙从茶荷中取月光白茶叶3克投入紫砂壶中，往壶中快速倒入90℃左右的水，至七分满即可。

2.品茶：只见茶叶徐徐伸展，汤色金黄透亮，香气馥郁缠绵，脱俗飘逸，叶底红褐匀整。倒入茶杯中品饮，入口后醇厚饱满，香醇温润。

福鼎白茶·白叶茶

产地：福建福鼎。

福建是白茶之乡，而以福鼎白茶品质最佳最优，通过采摘最优质的茶芽，再经过一系列精制工艺而制成。福鼎白茶有一特殊功效，在于可以缓解和解决部分人群因为饮用红酒上火的难题，长期以来，福鼎白茶也成了人际交际后的忠实伴侣。

茶叶特点

外形：分支浓密。

气味：气味清而纯。

手感：薄嫩轻巧。

香气：香味醇正。

汤色：杏黄清透。

口感：回味甘甜。

叶底：叶底薄嫩。

功效

1.清热降火：福鼎白茶性凉，能有效消暑解热，降火祛火，具有治病功效。

2.美容养颜：福鼎白茶中的自由基含量较低，多饮此茶或者与此茶相关的提取物，可美容养颜，俗称它为"女人茶"。

冲泡

【茶具】玻璃杯1只。

【方法】1.冲泡：取4克左右福鼎白茶用沸水洗一遍，在玻璃杯内倒入沸水，等候5分钟。

2.品茶：茶中茶叶温润，汤色莹润婉和，茶汤浓淡均匀。白茶的每一口都让人有清新的口感，适合小口品饮，夏季可选择冰镇后饮用，口感更佳，清热解暑效果更佳。

第七章
黑茶

黑茶属于后发酵茶，由于采用的原料粗老，在加工制作过程中堆积发酵的时间也比较长，因此叶色多呈现暗褐色，故称为黑茶。

黑茶是最紧压茶的原料，因此也被称为紧压茶。黑茶是我国特有的茶叶品种，需要经过杀青、揉捻、渥堆、复揉和烘培五道工序。在地域分布上，黑茶的产地有我国的湖南、四川、云南、广西等省，品种主要有湖南黑茶、四川黑茶、云南普洱茶等。

黑茶的分类

◎ 湖南黑茶

湖南黑茶专指产自湖南的黑茶，包括安化黑茶等。

◎ 湖北老青茶

湖北老青茶是以老青茶为原料，蒸压成砖形的黑茶，包括蒲圻老青茶等。

◎ 四川边茶

四川边茶又分南路边茶和西路边茶两种，其成品茶品质优良，经熬耐泡。

◎ 滇桂黑茶

滇桂黑茶专指生产于云南和广西的黑茶，属于特种黑茶，香味以陈为贵，包括普洱茶、六堡茶等。

黑茶的冲泡

◎ 茶具选用

传统冲泡黑茶一般选用煮水锅或者陶瓷杯、紫砂杯进行冲泡，有时也会采用盖碗直接饮用或倒入小杯中品饮。

◎ 水温控制

因为黑茶的茶叶较老，在水温方面，一定要使用100℃的沸水进行冲泡，才能保证黑茶出汤后的茶汤品质。

◎ 置茶量

黑茶出汤色泽显红褐或黑褐色，置茶量可以控制在10—15克左右，也可以根据个人喜好调整。

◎ 冲泡方法

黑茶的冲泡方法有多种。主要有以下几种：

1. 煮饮法

取煮水锅一个，倒入约 500 毫升水，待大火一沸，即可投入 10—15 克黑茶，至锅中水滚沸后，改小火再煮 2 分钟，即可关火，过滤去掉茶渣，取清澈茶汤品饮。在少数民族地区有时也会加点盐或奶与茶汤混合，制成颇具特色的奶茶。

2. 盖碗法

使用工夫茶茶具冲泡，也是黑茶常用的冲泡方法。

取盖碗一个，投入 15 克黑茶，再按茶水 1：40 的比例，倒入 100℃沸水冲泡，稍闷泡，使黑茶的茶味完全泡出，即可将茶汤倒入小杯中品饮。

3. 杯泡法

取紫砂杯或陶瓷杯一个，投入 5 克黑茶，再按茶水 1：40 的比例，倒入 100℃沸水冲泡，因黑茶较老，因此泡茶时间可较长，静置 2—3 分钟再倒出茶汤饮用即可。

◎ 冲泡时间

因黑茶的发酵时间较长，因此成品茶叶较老，在冲泡过程中可以闷泡稍长时间再出汤，每次大约闷泡 2—3 分钟后品饮即可。

◎ 适时续水

使用杯泡法冲泡黑茶时，可以在茶汤剩下三分之一时续水，以保持茶汤品质。使用煮饮法一般是将锅中黑茶饮尽后，若想再饮茶，则重新注水煮沸，按煮饮法步骤续水即可。

黑茶的贮藏

黑茶在贮藏过程中不可直接接受日晒，应放置于阴凉的地方，以免茶品急速氧化。同时，贮藏的位置应通风，且不与有异味的物品存放在一起，以避免茶叶霉变、变味，加速茶体的湿热氧化过程。

黑茶不宜用塑料袋密封，可使用牛皮纸等通透性较好的包装材料进行包装。

普洱散茶 · 滇桂黑茶

产地：云南省普洱市。

普洱散茶属于普洱茶的一种，是以优质云南大叶种为原料，经过杀青、揉捻、晒干、渥堆、晾干、筛分等工序制作而成的。普洱散茶的历史非常悠久，一般是以嫩度来划分等级的，嫩度越高的茶叶级别也就越高。普洱散茶属于晒青毛茶，年份越久，其品质则越佳。

茶叶特点

外形：粗壮肥大。

气味：陈香显露，无异味。

手感：饱满柔软。

香气：独特陈香。

汤色：红浓明亮。

口感：醇厚回甘。

叶底：深猪肝色。

功效

1.减肥瘦身：普洱散茶中所含脂肪酶能帮助燃烧体内多余脂肪，有减肥作用。

2.养胃健胃：普洱散茶进入到人体肠胃后，会形成一层保护膜，附着在胃的表层，对胃部有保护作用。

冲泡

【茶具】腹大的茶壶、茶荷、茶匙、品茗杯各1个。

【方法】1.冲泡：用茶匙将茶叶从茶荷中拨入壶中，冲入水温为90℃左右的水，冲至稍没茶器底即可。

2.品茶：静待数秒，只见茶叶徐徐伸展，汤色红浓明亮，香气独特陈香，叶底呈现深猪肝色，将茶汤倒入品茗杯中，入口后醇厚回甘。

宫廷普洱 · 滇桂黑茶

产地：云南省昆明市、西双版纳傣族自治州。

宫廷普洱，是古代专门进贡给皇族享用的茶，在旧时是一种身份的象征，是普洱中的特级茶品，称得上是茶中的名门贵族。宫廷普洱的制作颇为严格，选取2月份上等野生大叶乔木芽尖中极细且微白的芽蕊，经过多道复杂的工序，最终制成的优质茶品。

茶叶特点

外形：紧细匀整。
气味：甘醇悠远。
手感：细嫩滑腻。
香气：陈香浓郁。
汤色：红浓明亮。
口感：浓醇爽口。
叶底：褐红细嫩。

功效

1.抗衰老：宫廷普洱茶中含有的儿茶素类化合物优于其他茶树品种，这一类物质能起到抗衰老的作用，还能增强人体免疫力，效果甚佳。

2.减肥瘦身：宫廷普洱茶中含有的脂肪酶，具有一定的减肥作用。

冲泡

【茶具】紫砂壶、茶荷、茶匙、茶杯各1个。

【方法】1.冲泡：用茶匙将茶叶从茶荷中拨入壶中，然后倒入适量的沸水，第一次洗掉干茶中的浮灰，第二次冲至七分满即可。

2.品茶：静待数秒，茶叶在杯内徐徐伸展，汤色红浓明亮，香气陈香浓郁，叶底褐红细嫩，将茶汤分倒入茶杯，至八分满即可。

橘普茶·滇桂黑茶

产地：陈皮产自广东省新会市，普洱茶叶产自云南省西双版纳傣族自治州。

橘普茶，又称陈皮普洱茶、柑普茶，乃五邑特产之一。橘普茶是选取了具有"千年人参，百年陈皮"之美誉的新会柑皮与云南陈年熟普洱，经过一系列复杂的制作工序加工而成的特型紧压茶，无任何添加剂。茶叶清香甘爽，疏肝润肺、消积化滞、宜通五脏。

茶叶特点

外形：果圆完整，红褐光润。

气味：带有果味的清香。

手感：均匀润滑。

香气：陈香浓郁。

汤色：深红褐色。

口感：醇厚滑爽。

叶底：黑褐均匀。

功效

1.养胃：橘普茶进入肠胃后会形成保护膜附着在胃表层，对胃部起保护作用，常饮有益。

2.解酒：橘普茶叶中含有的茶碱有利尿作用，能促使酒精快速排出体外。

冲泡

【茶具】玻璃杯、茶匙各1个。

【方法】1.冲泡：用茶匙将3克橘普茶茶叶取出，拨入玻璃杯中，再放入少许陈皮，往壶中冲入沸水至七分满即可。

2.品茶：片刻后，汤色呈现深红褐色，香气陈香浓郁，叶底黑褐均匀，入口醇厚滑爽。

茯砖茶·湖南黑茶

产地：湖南省安化县。

茯砖茶属六大茶类中的黑茶类，是黑茶类中一个最具特色的黑茶产品，约在1368年问世。茯砖茶采用湖南、陕南、四川等茶为原料，手工筑制，因原料送到泾阳筑制，故称"泾阳砖"；因在伏天加工，故称"伏茶"。目前生产的茯砖茶，分特制和普通两个品种，其区别在于原料的拼配不同。

茶叶特点

外形：长方砖形。
气味：纯正悠远。
手感：手感粗老。
香气：香气纯正。
汤色：红黄明亮。
口感：醇和香浓。
叶底：黑褐粗老。

功效

1.降血糖：茯砖茶中含有的茶多糖通过抗氧化作用可有效降低血糖。

2.降血脂：茶叶中的茶多糖能与脂蛋白酶结合，促进动脉壁脂蛋白酶的形成而起到抗动脉粥样硬化、降血脂的作用。

冲泡

【茶具】紫砂壶、茶匙、茶荷、品茗杯各1个。

【方法】1.温杯：将热水倒入紫砂壶中进行温壶，再倒入品茗杯中进行温杯，而后弃水不用。

2.冲泡：将茶叶拨入紫砂壶中，冲入100℃左右的沸水，冲泡8—10分钟，倒入品茗杯中。

3.品茶：入口后，滋味醇和无涩味，回甘十分明显。

湖南千两茶·湖南黑茶

产地：湖南省安化县。

湖南千两茶是20世纪50年代绝产的传统商品，产于湖南省安化县。"千两茶"是安化的一个传统名茶,以每卷（支）的茶叶净含量合老秤1000两（净重约36.25千克）而得名,因其外表的篾篓包装呈花格状,故又名花卷茶。有"茶文化的经典,茶叶历史的浓缩,茶中的极品"之称。

茶叶特点

外形：呈圆柱形。
气味：高香并且持久。
手感：嫩匀密致。
香气：醇厚高香。
汤色：黄褐油亮。
口感：甜润醇厚。
叶底：黑褐嫩匀。

功效

1.降血糖：湖南千两茶中含有丰富的茶多糖，可有效降低血糖。

2.减肥瘦身：茶中的多酚类及其氧化产物能溶解脂肪，促进脂类物质排出，故被称为"瘦身茶""美容茶"。

冲泡

【茶具】紫砂壶、茶匙、茶荷、品茗杯等各1个。

【方法】1.冲泡：用茶匙将茶叶从茶荷中拨入紫砂壶中，冲入100℃左右的沸水，冲泡2—3分钟，倒入品茗杯中。

2.品茶：香气纯正或带有松烟香，汤色橙黄、滋味醇厚，充分均匀茶汤后，倒入品茗杯中，入口后，滋味醇浓回味高香持久。

黑砖茶·湖南黑茶

产地：湖南省白沙溪茶厂。

黑砖茶，是以黑毛茶作为原料制成的半发酵茶，创制于1939年，多半选用三级、四级的黑毛茶搭配其他茶种进行混合，再经过一系列工序制成。黑砖茶的外形通常为长方砖形，规格为35×18×3.5厘米，因砖面压有"湖南省砖茶厂压制"8个字，因此又称"八字砖"。

茶叶特点

外形：平整光滑，棱角分明。
气味：带有青草微香。
手感：手感光滑。
香气：清香纯正。
汤色：黄红稍褐。
口感：浓醇微涩。
叶底：黑褐均匀。

功效

1.抗菌作用：茶汤中的主要成分为茶黄素和茶红素，其中茶黄素对肉毒芽杆菌、肠类杆菌等起到明显抗菌作用。

2.消食作用：茶叶中含有的咖啡碱能帮助增进食欲，进而促进消化。

冲泡

【茶具】盖碗、茶匙、茶杯各1个。
【方法】1.冲泡：将热水倒入盖碗中进行温杯，而后弃水不用，用茶匙将准备好的茶叶拨入盖碗中，冲入80℃左右的水至七分满。

2.品茶：茶叶在杯内徐徐伸展，汤色黄红稍褐，香气清香纯正，叶底黑褐均匀，将茶汤倒入茶杯中品饮，入口后浓醇微涩。

花砖茶 · 湖南黑茶

产地: 湖南省安化县高家溪和马家溪。

花砖茶,历史上又叫"花卷",又有别名"千两茶",因一卷茶净重合老秤1000两而得名。一般规格均为35×18×3.5厘米。

花砖茶的做工精细、品质优良。因为砖面的四边都有花纹,所以为了区别于其他砖茶,取名"花砖"。

茶叶特点

外形: 砖面平整。

气味: 纯正,微香。

手感: 乌润光滑。

香气: 香气纯正。

汤色: 红黄。

口感: 浓厚微涩。

叶底: 老嫩匀称。

功效

1.消炎: 花砖茶的内质香气纯正,其汤不易发生馊变,具有消炎作用。

2.治咳嗽: 花砖茶除能够帮助消化外,还具有治咳嗽和治腹泻的作用。同时腹胀时亦可饮用,疗效显著。

冲泡

【茶具】茶壶、品茗杯各1个。

【方法】1.冲泡: 将90℃的水倒入壶中,冲泡花砖茶约2分钟。

2.品茶: 气味微香中掺杂一丝微涩,将其倒入品茗杯中,喝茶前先闻气味然后抿一口,将茶水置于舌根底部,停留约3—5秒,便可以尝到真正的"回韵",令人神清气爽。

青砖茶·湖北老青茶

产地：湖北省咸宁市。

青砖茶属黑茶种类，以老青茶作原料，经压制而成。其产地主要在湖北省咸宁市的薄圻、通山、崇阳、通场面等县，已有100多年的历史。青砖的外形为长方形，色泽青褐，香气纯正，汤色红黄，滋味香浓。

茶叶特点

外形：长方砖形。

气味：清新纯正。

手感：手感粗老。

香气：纯正馥郁。

汤色：红黄尚明。

口感：味浓可口。

叶底：暗黑粗老。

功效

1.生津、提神：除生津解渴外，还具有清新提神，杀菌止泻等功效。

2.杀菌收敛：青砖茶富含膳食纤维，具有调理肠胃的功能，且有益生菌参与，能改善肠管微生物环境。

冲泡

【茶具】紫砂壶、茶匙、茶荷、品茗杯等各1个。

【方法】1.温杯：将热水倒入紫砂壶中进行温壶，而后弃水不用。

2.冲泡：将茶叶放入紫砂壶中，冲入100℃左右的沸水，冲泡10分钟左右，倒入品茗杯中即可。

3.品茶：入口后，茶香纯正、柔和，浓香可口，有回甘。

布朗生茶·滇桂黑茶

产地：云南。

布朗生茶，轻嗅起来似乎带有浓重的麦香味，呈茶饼状，饼香悠远怡人，条索硕大而不似一般茶饼茶砖。布朗生茶是通过收采最嫩芽叶纯手工制作而成，微显毫，一般选用早春大叶种晒青毛茶，汤色透亮，回甘快、生津强，茶味十分清甜，是不可多得的收藏佳品。

茶叶特点

外形：条索肥硕。

气味：带有比较浓重的麦香味，悠远怡人。

手感：手感柔软。

香气：略有蜜香。

汤色：金黄透亮。

口感：细腻厚重，微有苦涩。

叶底：叶底柔软，匀称。

功效

1.祛风解表：具有祛痰、止渴生津、消暑、解热、抗感冒、解毒等功效。

2.减轻烟毒：对于长期吸烟者，常饮布朗生茶有助于排解体内毒素，预防疾病，减轻烟毒所带来的长期危害。

冲泡

【茶具】过滤杯、茶壶、品茗杯各1个。

【方法】1.冲泡：将约5克的茶叶放入过滤杯中，倒入90—100℃水温的热水，先将第一遍水滤去，再次倒入热水，冲泡茶叶，盖上杯盖即可。

2.品茶：待茶散发出浓浓麦香，此时稍稍晃动茶壶，然后分入品茗杯中，一杯香醇的布朗生茶就完成了。

第八章
乌龙茶

　　中国人喜欢喝茶，乌龙茶是其中独具鲜明特色的茶叶品类。乌龙茶又称为"青茶""半发酵茶"，是介于不发酵茶（绿茶）与全发酵茶（红茶）之间的一种茶叶。其实，绿茶和乌龙茶是由同一种茶树所生产出来的，最大的差别在于有没有经过发酵这个过程。在本章中，编者将根据乌龙茶种类的不同，对各品类乌龙茶进行详细讲解及描述。

乌龙茶的分类

◎ 闽北乌龙茶

闽北乌龙茶主要是岩茶，以武夷岩茶最为著名，还包括闽北水仙、大红袍、肉桂、铁罗汉等。

◎ 闽南乌龙茶

闽南乌龙茶则以安溪铁观音和黄金桂为主要代表，其制作严谨、技艺精巧，在国内外享有盛誉。

◎ 广东乌龙茶

广东乌龙茶主要指的是广东潮汕地区生产的乌龙茶，以凤凰单丛和凤凰水仙为最优秀产品，历史悠久，品质极佳。

◎ 台湾乌龙茶

台湾乌龙茶主产自台湾省，还可以细分为轻发酵乌龙茶、中发酵乌龙茶和重发酵乌龙茶三种。

乌龙茶的冲泡

◎ 茶具选用

乌龙茶的冲泡较为讲究，选用的茶具也有别于其他茶种。传统里较讲究的泡乌龙茶器具包括：茶壶、茶杯、茶海、茶盅、茶荷、茶匙、水盂等。待客时最好选用紫砂壶或盖碗，平日可使用普通的陶瓷壶，而杯具最好用精巧的白瓷小杯。

◎ 水温控制

在所有茶种中，乌龙茶对冲泡水温的要求最高。唐代茶圣陆羽把开水分为三沸："其沸如鱼目，微有声，为一沸；缘边如涌泉连珠，为二沸；腾波鼓浪，为三沸。"其中，二沸的水，茶汁浸出率高，茶味浓、香气高，更能品饮出乌龙茶的韵味。

◎ 置茶量

由于乌龙茶的叶片比较粗大，且要求冲泡出来的茶汤滋味浓厚，所以，冲泡乌龙茶，茶叶的用量比名优茶和大宗花茶、红茶、绿茶要多，以装满紫砂壶容积的 1/2 为宜，约重 10 克。

冲泡方法

乌龙茶的冲泡方法有以下两种：

第一种是沸水冲泡法。先是温壶、温茶海，可提升茶壶温度，以避免茶叶冲泡过程中遇冷、遇热悬殊而影响茶质。投入茶叶后，先温润泡。泡茶后还要洗茶，用沸水冲入漫过茶叶时便立即将水倒出，这样可洗去浮尘和泡沫。洗茶后即可第二次冲入沸水使之刚溢出壶盖沿，以淋洗壶身来保持壶内水温。温杯后即可冲泡，将茶汤分别倒入茶杯中，但不宜倒满茶杯。

第二种是冷水冲泡法。乌龙茶性寒，本应热饮，但其实冷饮也适宜。用冷水冲泡，只需要一个可容 1 升水的白瓷茶壶，洗净后投茶 10—15 克，接着注水，冲入少量温开水洗茶后倒掉，马上冲入低于 20℃ 的冷水，冷藏 4 小时后即可倒出饮用。

冲泡时间

乌龙茶较耐泡，一般泡饮 5—6 次，仍然余香犹存。泡的时间要由短到长，第一次冲泡，时间短些，随冲泡次数增加，泡的时间相对延长。

适时续水

初次冲泡的乌龙茶，水没过茶叶先浸泡 15 秒钟，再视其茶汤浓淡，确定出汤的时间。出汤时间直接关系到续水的时间。通常，前三泡的续水较统一，而从第四泡开始，每一次续水均应比前一泡延时 10 秒左右。

乌龙茶的贮藏

用瓷罐或锡罐装入乌龙茶，尽量填满空隙，再加盖密封贮藏起来，要注意防潮、避光、远离污染源，避免乌龙茶与有毒、有害、易污染的物品接触而变味。贮藏乌龙茶，要保证存放的地方清洁、卫生，最好是放于冰箱内，最好不要放在厨房，或者有香皂、樟脑丸、调味品的柜子里，以免吸收异味。

凤凰水仙·广东乌龙茶

产地：广东省潮安县凤凰山区。

传说南宋末年，南宋皇帝南下潮汕，路经凤凰山区乌际山，日甚渴，侍从们采下一种叶尖似鸟嘴的树叶加以烹制，饮之止咳生津，立奏奇效。从此广为栽植，称为"宋种"，迄今已有900余年历史。凤凰水仙由于选用原料优次和制作精细程度不同，按成品品质依次分为凤凰单丛、凤凰浪菜和凤凰水仙三个品级。

茶叶特点

外形：挺直肥大。

气味：有花香气。

手感：松软丰满。

香气：天然花香，香味持久。

汤色：橙黄清澈。

口感：醇爽回甘。

叶底：肥厚柔软，青叶红镶边。

功效

1.抑制心血管疾病：茶中的黄酮醇类有抗氧化作用，可有效防止血液凝块、血小板成团，减少血液系统病变。

2.有助于抗病毒：茶多酚对病原菌、病毒有明显的抑制和杀灭作用。

冲泡

【茶具】盖碗、茶匙、茶荷、品茗杯各一个。

【方法】1.冲泡：将凤凰水仙用茶匙从茶荷中拨入盖碗，冲入100℃左右的水，加盖冲泡2-3分钟，倒入品茗杯中。

2.品茶：入口后，滋味醇爽回甘，喉韵明显。品尝时，第一口顺畅入喉，第二口齿颊留香，第三口满口生津。

冻顶乌龙茶·台湾乌龙茶

产地：台湾凤凰山的冻顶山一带。

冻顶乌龙茶俗称冻顶茶，是台湾知名度极高的茶，也是台湾包种茶的一种。台湾包种茶属轻度或中度发酵茶，亦称"清香乌龙茶"。包种茶按外形不同可分为两类：一类是条形包种茶；另一类是半球形包种茶。包种茶以"冻顶乌龙茶"为代表，主要是以青心乌龙为原料制成的半发酵茶。

茶叶特点

外形：紧结卷曲，色泽墨绿油润，边缘隐现金黄色。

气味：带花香、果香。

手感：紧实饱满。

香气：持久高远。

汤色：黄绿明亮。

口感：甘醇浓厚。

叶底：肥厚匀整，绿叶腹红边。

功效

1.降血脂：冻顶乌龙茶有防止和减轻血中脂质在主动脉中粥样硬化的作用。

2.抗衰老：饮用冻顶乌龙茶可以使血中维生素C含量持较高水平，有抗衰老作用，常饮可从多方面增强人体抗衰老能力。

冲泡

【茶具】盖碗、茶匙、茶荷、品茗杯各1个。

【方法】1.冲泡：用茶匙将茶叶从茶荷中拨入盖碗，冲入100℃左右的水，加盖冲泡1－3分钟。

2.品茶：将茶汤倒入品茗杯中，茶汤黄绿明亮，叶底肥厚匀整，入口滋味甘醇爽滑，喉韵强，饮后唇齿带有花香或果香。

梨山乌龙·台湾乌龙茶

产地：台湾省台中市梨山。

梨山乌龙主要产于台湾省台中市的梨山高冷乌龙茶园。茶园分布在海拔2000米的高山之上，云雾弥漫，昼夜温差大，极为有益于茶树的生长。这种得天独厚的自然条件与栽种条件，使得梨山茶芽叶柔软，叶肉厚实，果胶质、氨基酸含量高。制成的成品茶香气优雅，显高山韵。

茶叶特点

外形：肥壮紧结。

气味：梨果香。

手感：较为紧实。

香气：浓郁幽雅。

汤色：碧绿显黄。

口感：甘醇爽滑。

叶底：肥软整齐。

功效

1.嫩肤美白：梨山乌龙对抑制过敏性皮炎有一定功效，可提高皮肤角质层的保水能力。

2.提神益思：乌龙茶中的咖啡碱能使中枢神经兴奋，起到提神益思的效果。

冲泡

【茶具】盖碗、茶匙、茶荷、品茗杯各1个。

【方法】1.冲泡：将茶叶用茶匙从茶荷拨入盖碗中，冲入100℃左右的水，加盖冲泡1－3分钟，倒入品茗杯中。

2.品茶：茶香幽雅，茶汤碧绿显黄，入口后，滋味甘醇，口感鲜爽，甘甜而不苦涩。

台湾大禹岭茶·台湾乌龙茶

产地：台湾省花莲县秀林乡大禹岭。

大禹岭茶是台湾茶中最高等级的茶品，是台湾高山茶的代表之一。大禹岭茶区处于海拔2600米以上。该茶区昼夜温差极大，土壤有机质含量高，终年云雾笼罩，冬天冰雪覆盖成长不易。独特的口感也是使它身价不菲的原因之一。台湾乌龙茶叶片厚、果胶质浓、霜气明显、山气重、喉韵强，泡后香气清雅，余韵浑厚，为茶中顶极品。

茶叶特点

外形：条索紧结。

气味：果花香。

手感：紧实。

香气：香气清雅。

汤色：碧绿金黄。

口感：回甘甜润。

叶底：肥厚匀整。

功效

1.醒脑提神：大禹岭茶中的咖啡碱能促使人体中枢神经兴奋，起到提神益思、消除疲劳、清心的效果。

2.降脂助消化：大禹岭茶中的咖啡碱能提高胃液分泌，有降脂助消化作用。

冲泡

【茶具】陶瓷茶壶、茶匙、茶荷、品茗杯各1个。

【方法】1.温杯：将开水倒入陶瓷茶壶中进行冲洗，弃水不用。

2.冲泡：将茶叶用茶匙从茶荷拨入陶瓷茶壶中，冲入100℃左右的水，加盖冲泡3－5分钟，然后倒入品茗杯中。

3.品茶：入口后，滋味甘醇爽口，高山韵足，回甘性强，饮用后，让人脾胃舒畅。

金萱乌龙 · 台湾乌龙茶

产地：台湾省南投县竹山镇。

金萱茶，又名台茶十二号，是以金萱茶树采制的半球形包种茶，由于此乌龙茶具有独特的香味，由台湾茶业改良场第一任厂长吴振铎老师按其特色命名为"金萱"。金萱乌龙茶产于台湾高海拔之山脉，此地常年云雾缭绕，为乌龙茶生长之最佳环境。

茶叶特点

外形：紧结沉重，呈半球形，色泽砂绿或墨绿。

气味：奶香。

手感：紧实厚重。

香气：香气淡雅，有奶香气。

汤色：金黄明亮。

口感：甘醇。

叶底：肥厚匀整，绿底微红边。

功效

1.降血脂：金萱乌龙能抑制动脉粥样硬化，改善血液微循环。

2.抗衰老：金萱乌龙可以使血中维生素C含量保持较高水平，而维生素C具备抗衰老作用。

冲泡

【茶具】盖碗、茶匙、茶荷、品茗杯各1个。

【方法】1.冲泡：将茶叶用茶匙从茶荷拨入到盖碗中，冲入100℃左右的水，加盖冲泡2分钟，倒入到品茗杯中。

2.品茶：茶汤金黄明亮，叶底肥厚匀整，入口后，滋味温顺甘醇，生津而富有活力。

凤凰单丛 · 广东乌龙茶

产地: 广东潮州市凤凰镇乌岽山。

凤凰单丛，属乌龙茶类，产于广东省潮州市凤凰镇乌岽山茶区。凤凰单丛黄枝香是凤凰单丛十大花蜜香型珍贵名丛之一，因香气独特，有明显黄栀子花香而得名。该茶有多个株系，单丛茶是按照单株株系采摘，单独制作而成，具有天然的花香。

茶叶特点

外形：条索紧细，色泽乌润油亮。
气味：天然花香。
手感：有韧性。
香气：香高持久。
汤色：橙黄明亮。
口感：醇厚鲜爽。
叶底：匀亮齐整，青蒂绿腹红镶边。

功效

1.延缓衰老：凤凰单丛所含茶多酚具有很强的抗氧化性和生理活性，是人体自由基的清除剂。

2.抑制心血管疾病：凤凰单丛含有茶多酚，可帮助抑制动脉粥样硬化。

冲泡

【茶具】盖碗、茶匙、茶荷、品茗杯各1个。

【方法】1.温杯：将开水倒入盖碗中进行冲洗，弃水不用。

2.冲泡：用茶匙将凤凰单丛从茶荷拨入盖碗中，冲入100℃左右的水，加盖冲泡2分钟，倒入品茗杯中。

3.品茶：茶汤橙黄明亮，叶底完整，有明显的红边，入口后，滋味浓厚甘爽，有栀子花香。

漳平水仙 · 闽南乌龙茶

产地：福建省漳平市九鹏溪地区。

漳平水仙，又称"纸包茶"，是乌龙茶类中唯一的紧压茶，品质珍奇，极具传统风味。漳平水仙是选取水仙品种茶树的一芽二叶或一芽三叶嫩梢、嫩叶为原料，经一系列复杂工序制作而成，再用木模压造成方饼形状，具有经久藏、耐冲泡，久饮多饮不伤胃的特点。

茶叶特点

外形：紧结卷曲。

气味：花香。

手感：有韧性。

香气：清高细长。

汤色：橙黄清澈。

口感：清醇爽口。

叶底：肥厚软亮。

功效

1.杀菌作用：漳平水仙中含的茶多酚和鞣酸，能破坏和杀死细菌的蛋白质，起到消炎除菌的作用。

2.抗癌作用：漳平水仙中含有黄酮类物质，能起到一定的体外抗癌作用。

冲泡

【茶具】玻璃杯、茶匙、茶荷各1个。

【方法】1.冲泡：用茶匙将茶叶从茶荷中拨入玻璃杯中，冲入80-90℃的水。

2.品茶：静待片刻，茶叶在杯内徐徐伸展，汤色橙黄清澈，香气清高细长，入口后清醇爽口。

老枞水仙·闽北乌龙茶

产地：福建省境内的武夷山。

老枞水仙是武夷岩茶中之望族，栽培历史已有数百年之久。产区位于武夷山景区天心村，由于其得天独厚的自然环境，遂使水仙品质更加优异。老枞水仙作为武夷岩茶的当家品种—四大名丛之一，与大红袍、肉桂均是闽北乌龙茶的代表。

茶叶特点

外形：紧结沉重。

气味：兰花香气。

手感：卷曲。

香气：浓郁幽长。

汤色：清澈橙黄。

口感：醇厚回甘。

叶底：厚软黄亮。

功效

1.改善肤质、养颜：老枞水仙可改善皮肤过敏，预防老化，美白细肤，还可以防止牙垢与蛀牙。

2.抗肿瘤、预防老化：老枞水仙茶叶具有消除危害皮肤与健康的活性氧的功效。

冲泡

【茶具】紫砂壶、品茗杯各1个。

【方法】1.冲泡：将茶叶投入茶壶中，冲入100℃左右的水，加盖冲泡2-3分钟，倒入品茗杯中。

2.品茶：茶香浓郁，茶汤清澈橙黄，入口后滋味醇厚甘滑，喉韵明显。品尝后齿颊留香，持久生津。

永春佛手 · 闽南乌龙茶

产地：福建省永春县。

　　永春佛手又名香橼、雪梨，是乌龙茶类中风味独特的名贵品种之一。产于闽南著名侨乡永春县，此地地处戴云山南麓，全年雨量充沛，适合茶树生长。佛手茶树品种有红芽佛手与绿芽佛手两种，以红芽为佳。

茶叶特点

外形：紧结肥壮，卷曲重实，色泽乌润砂绿。

气味：近似香橼香。

手感：重实，抚之有磨砂感。

香气：浓锐幽长。

汤色：橙黄清澈。

口感：甘厚芳醇。

叶底：匀整红亮。

功效

1.提神益思，消除疲劳：永春佛手所含的咖啡碱较多，能促使人体中枢神经兴奋，增强大脑皮质的兴奋过程，起到提神益思、清心的效果。

2.解热防暑，生津利尿：该茶中的咖啡碱可起到帮助肾脏排毒的作用。

冲泡

【茶具】盖碗、茶匙、茶荷、品茗杯各1个。

【方法】1.冲泡：用茶匙将茶叶从茶荷中拨入盖碗中，冲入100℃左右的水，加盖冲泡1－3分钟，倒入品茗杯中。

2.品茶：冲泡后，茶香浓锐持久，茶汤橙黄清澈，入口后，滋味甘厚鲜醇，回味绵长。

黄金桂 · 闽南乌龙茶

产地：福建省安溪县。

黄金桂，属乌龙茶类。原产于安溪虎邱美庄村，是乌龙茶中风格有别于铁观音的又一极品。1986年被商业部授予"全国名茶"称号。黄金桂是以黄旦品种茶树嫩梢制成的乌龙茶，因其汤色呈金黄色并有奇香似桂花，故名黄金桂（又称黄旦）。

茶叶特点

外形：紧结卷曲，细秀匀整，色
　　　泽呈黄绿色。
气味：略带桂花香。
手感：团状，紧实感。
香气：幽雅鲜爽，香高清长。
汤色：金黄明亮。
口感：纯细甘鲜。
叶底：柔软明亮。

功效

1.防癌、益智：黄金桂含硒量很高，可抑制癌细胞发生和发展。同时安溪黄金桂对增智还有功效。

2.有助于延缓衰老：黄金桂中的茶多酚有很强的抗氧化性，有延缓衰老之效。

冲泡

【茶具】盖碗、茶匙、茶荷、品茗杯各1个。

【方法】1.温杯：将开水倒入盖碗中进行冲洗，而后弃水不用。

2.冲泡：将茶叶用茶匙从茶荷拨入盖碗中，冲入100℃左右的水，加盖冲泡2-3分钟，倒入品茗杯。

3.品茶：入口后，滋味纯细甘鲜，令人回味隽永。

本山茶 · 闽南乌龙茶

产地：福建省安溪县。

本山茶原产于安溪西尧阳，品质优良，系安溪四大名茶之一。据1937年庄灿彰的《安溪茶业调查》介绍："中叶类，中芽种。树姿开张，枝条斜生，分枝细密；叶形椭圆，叶薄质脆，叶面稍内卷，叶缘波浪明显，叶齿大小不匀，芽密且梗细长，花果颇多。"

茶叶特点

外形： 条索紧结，头大尾尖，色泽鲜润砂绿。

气味： 清香透鼻。

手感： 磨砂感。

香气： 香气高长。

汤色： 金黄明亮。

口感： 醇厚鲜爽。

叶底： 肥壮匀整。

功效

1.减肥作用：本山茶中的咖啡碱、肌醇等，能调节脂肪代谢，所以饮用此茶能减肥。

2.防龋齿作用：本山茶中含有氟，有助于提高牙齿防酸抗龋能力，预防龋齿。

冲泡

【茶具】盖碗、茶匙、茶荷、品茗杯各1个。

【方法】1.冲泡：用茶匙将4克本山茶从茶荷中投入盖碗中，冲入100℃左右的水，加盖冲泡1-5分钟。

2.品茶：冲泡后内质香气浓郁鲜锐，汤色金黄明亮，将其倒入品茗杯中，入口后，滋味醇厚鲜爽，香味高醇，是公认的铁观音的替代品。

第九章
花茶

　　花茶，又称为"香片"，主要是以绿茶、红茶或者乌龙茶作为茶坯，配以能够吐香的鲜花作为原料，采用窨制工艺制作而成的茶叶。花茶是中国特有的一类再加工茶，古人有"上品饮茶，极品饮花"之说，花茶气味芬香并具有养生疗效，是当今主流的健康饮品。本章编者将根据花茶种类的不同，分门别类地对花茶的冲泡、花茶的品鉴进行详尽的描述。

花茶的分类

窖制花茶

窖制花茶是用茶叶和香花进行拼和窖制，使茶叶吸收花香而制成的香茶，亦称熏花茶。花茶的主要产区有福建的福州、浙江的金华、江苏的苏州等地。花茶因窖制的不同可分为茉莉花茶、珠兰花茶等。

花草茶

一般我们所谓的花草茶，特指那些不含茶叶成分的香草类饮品。准确地说，花草茶指的是将植物之根、茎、叶、花或皮等部分加以煎煮或冲泡，而产生芳香味道的草本饮料。花草茶有玫瑰花、洛神花、金银花等。

工艺花茶

工艺花茶是最近几年才兴起的一种再加工茶，这种茶极大地改变了传统花茶去花留茶的做法，而是将干包花藏于茶叶之中。冲泡时茶叶渐渐舒展，干花吸水开放，极大地提高了花茶的观赏性，增加了茶的趣味。

花茶的冲泡

茶具选用

由于花茶外观美丽，冲泡时更多是希望维护花茶的香气以及欣赏茶坯的美，因此更多时候是选择透明的玻璃茶杯，或者是广口且精致的陶瓷杯来冲泡。

水温控制

质量较上乘的花茶，对花茶本身的品质要求较高，冲泡水温宜控制在85℃为宜，而中低档的花茶可不用追求品质，采用100℃沸水冲泡出汤即可。

◉ 置茶量

以冲泡花茶的沸水用500毫升为标准，那相应的置茶量应为5—10克。如果是选择混合式的花茶，即花草的种类多于两种，则每一种材料各取2—3克。同时，冲泡时可依据个人口味，搭配2—3克冰糖或蜂蜜，理想的花茶与冰糖或蜂蜜的比例为3：2。

◉ 冲泡方法

花茶冲泡时基本采用先冲后泡的方式。取花茶5—10克放入玻璃杯或陶瓷杯中，倒入沸水没过花茶，浸泡2—3分钟，将花茶略洗后即可倒掉部分浮水，再注水至八分满，泡3—5分钟，待花叶舒展开后即可饮用。若不习惯花茶口味清淡，可适量添加冰糖或蜂蜜，但须避免盖过花茶本身的滋味。单一花茶和混合式花茶的冲泡方法类似。

◉ 冲泡时间

洗茶后，沸水注入杯中冲泡花茶的时间既不宜过短，也不宜过长，通常冲泡后保持3—5分钟，即可品饮。

◉ 适时续水

花茶用玻璃杯或陶瓷杯饮用，以方便欣赏花茶舒展的姿态，因此不宜将杯中茶汤全部饮用完再续水。最好是在杯中茶汤剩下三分之一时续水，既可保持花茶继续舒展，也可控制茶温，保全茶汤品质。

花茶的贮藏

花茶在贮藏时，如何确保其香味不散是很重要的，因此在储存花茶时，使其隔绝异味非常重要。

首先，将花茶放入干净的容器中，可以是陶瓷罐、铁罐等耐贮藏的容器，应尽量填满容器空隙，以隔绝空气。

其次，花茶一旦吸潮、吸异味则很容易变质，因此应注意保存环境的水分控制，最好是保存在温度5℃以下的空间（冰箱冷藏室为宜），再与易散发异味的物品隔绝开，以确保花茶不变质及老化。

菊花茶·花草茶

产地：湖北省大别山、浙江省杭州市及桐乡、安徽省亳州。

　　菊花为人们所熟悉的样子总是多姿多彩、明黄鲜艳。除了极具观赏性外，菊花茶的用途也很广泛，在家庭聚会、下午茶、饭后消食解腻的时候，菊花茶常被作为饮品饮用。菊花产地分布各地，自然品种繁多，大多都具备较高的药用价值。

茶叶特点

外形：花朵外形，色泽明黄。

气味：菊花清香。

手感：松软、顺滑。

香气：清香怡人。

汤色：汤色黄色。

口感：滋味甘甜。

叶底：叶子细嫩。

功效

1.明目作用：长期面对电脑易导致眼睛疲劳，常饮菊花茶对于保护眼睛可起到一定作用。

2.疏肝解郁作用：菊花茶配上枸杞或者蜂蜜饮用，能够帮助人体疏肝解郁。

冲泡

【茶具】透明玻璃茶壶、茶杯各1个。

【方法】1.冲泡：将5克菊花茶放入玻璃茶壶中，冲入100℃的沸水，加上盖冲泡。

2.品茶：菊花香气清新，气味持久，将茶汤倒入茶杯中，待稍凉后即可品饮，入口后滋味甘甜。

茉莉花茶·窨制花茶

产地：福建省福州市。

茉莉花茶是将茶叶和茉莉鲜花进行拼和、窨制，使茶叶吸收花香而成，因茶中加入茉莉花朵熏制而成，故名茉莉花茶。茉莉花茶经久耐泡，根据品种和产地、形状的不同，茉莉花茶又因此有着不同的名称。

茶叶特点

外形：紧细匀整，黑褐油润。
气味：茉莉清香。
手感：柔而疏松。
香气：鲜灵持久。
汤色：黄绿明亮。
口感：醇厚鲜爽。
叶底：嫩匀柔软。

功效

1.行气开郁：茉莉花茶含有的挥发油性物质有行气止痛、解郁散结的作用，可缓解胸腹胀痛、下痢等，为止痛之食疗佳品。

2.抗菌消炎：茉莉花茶能抑制多种细菌，可治疗目赤、皮肤溃烂等炎性病症。

冲泡

【茶具】盖碗、透明茶杯各1个。
【方法】1.冲泡：将5克茉莉花茶冲入95－100℃的水，盖上盖，冲泡3－5分钟，然后倒入透明茶杯中。

2.品茶：小口品饮，以口吸气、鼻呼气，使茶汤在舌头上往返流动片刻，可感茶味清幽，芬芳怡人。

茉莉红茶 · 窨制花茶

产地：福建省。

茉莉红茶是采用茉莉花茶窨制工艺与红茶工艺精制而成的花茶。此茶既有发酵红茶的秀丽外形，又有茉莉花的浓郁芬芳，集花茶和红茶的精华于一身。目前市面上销售较多的是福建九峰茶企生产的九峰茉莉红茶。

茶叶特点

外形：匀齐毫多，黑褐油润。

气味：茉莉香气。

手感：疏松。

香气：浓郁芬芳。

汤色：金黄明亮。

口感：醇厚甘爽。

叶底：匀嫩晶绿。

功效

1.防辐射：茉莉红茶中含有的茶多酚和维生素C能防辐射，能够在一定程度上帮助减少辐射对人体的危害。

2.抗压解疲：茉莉红茶中的茶碱能振奋精神、消除疲劳，提高工作效率。

冲泡

【茶具】茶壶、茶匙、茶荷、茶杯各1个。

【方法】1.冲泡：用茶匙将5克茉莉红茶茶叶从茶荷中拨入茶壶中，然后倒入95℃左右的热开水冲泡即可。

2.品茶：3分钟后即可将茶汤从茶壶中倒入茶杯中品饮，入口后醇厚甘爽，香气浓郁。

玫瑰花茶 · 花草茶

产地：山东省济南市平阴县。

玫瑰花茶是用鲜玫瑰花和茶叶的芽尖按比例混合，利用现代高科技工艺窨制而成的高档茶，其香气具浓、轻之别，和而不猛。我国现今生产的玫瑰花茶主要有玫瑰红茶、玫瑰绿茶、玫瑰九曲红梅等花色品种。玫瑰花采下后，经适当摊放、折瓣，拣去花蒂、花蕊，以净花瓣付窨。

茶叶特点

外形：紧细匀直，色泽均匀。
气味：玫瑰花甜香。
手感：紧实。
香气：浓郁幽长。
汤色：淡红清澈。
口感：浓醇甘爽。
叶底：嫩匀柔软。

功效

1.缓解疲劳：玫瑰花茶能改善内分泌失调，对消除疲劳和伤口愈合有帮助，还能调理女性生理紊乱。

2.保肝降火：玫瑰花茶能降火气，还能保护肝脏、胃肠功能。

冲泡

【茶具】透明玻璃杯或盖碗1个。

【方法】1.冲泡：将3克玫瑰花茶放入玻璃杯中，冲入95℃左右的水，盖上盖，冲泡1-3分钟。

2.品茶：玫瑰花茶宜热饮，香味浓郁，闻之沁人心脾，而且常饮有美容养颜之效。

玉兰花茶·花草茶

产地：江苏省苏州市。

玉兰花属木兰科植物，原产于长江流域。玉兰花采收以傍晚时分最宜，用剪刀将成花一朵朵剪下，浸泡在8—10℃的冷水中1—2分钟，再沥干。经严格的气流式窖制工艺，即分拆枝、摊花、晾制、窖花、通花等工序，再经照射灭菌最终就制成了花茶。

茶叶特点

外形：紧结匀整，黄绿尚润。
气味：淡淡玉兰香。
手感：叶片光润，有韧性。
香气：鲜灵浓郁。
汤色：浅黄明亮。
口感：醇厚鲜爽。
叶底：细嫩匀亮。

功效

1.消炎止痛：玉兰花能入药治头痛、鼻窦炎等，有降压和气、消痰益肺、利尿化浊之功效。
2.强身健体：玉兰花富含类黄酮及精油成分，能增强免疫力，抑制细菌。

冲泡

【茶具】瓷壶或盖碗1个，茶匙、茶荷、茶杯各1个。
【方法】1.冲泡：用茶匙将3克玉兰花茶茶叶从茶荷中拨入瓷壶或盖碗中，然后冲入90－100℃左右的水，加盖冲泡3－5分钟，之后可将茶汤倒入茶杯中。
2.品茶：待茶汤稍凉时，小口品饮，茶香芬芳，沁人心脾。

桂花茶 · 花草茶

产地：广西桂林。

　　桂花茶是用鲜桂花窨制，既不失茶的香味，又带浓郁桂花香气，很适合胃功能较弱的人饮用。广西桂林的桂花烘青以桂花的馥郁芬芳衬托茶的醇厚滋味而别具一格，成为茶中之珍品，深受国内外消费者的青睐。

茶叶特点

外形： 条索紧细、匀整，花如叶
　　　　里藏金，色泽金黄。
气味： 桂花香。
手感： 柔滑，蓬松。
香气： 浓郁持久。
汤色： 绿黄明亮。
口感： 醇香适口。
叶底： 嫩黄明亮。

功效

1.保护嗓子：桂花茶有排毒养颜、止咳化痰的作用，可缓解因上火而导致声音沙哑。

2.保健作用：桂花茶对口臭、视觉不明、溃疡、胃寒胃疼等症有预防作用。

冲泡

【茶具】带盖玻璃杯1个。

【方法】1.冲泡：将4克桂花茶放入玻璃杯中，冲入95℃左右的水，盖上盖，冲泡3-5分钟。

2.品茶：3-5分钟以后出汤，小口品饮，茶香浓厚而持久，滋味醇香适口，饮后口齿留香。

月季花 · 花草茶

产地：福建省武夷山。

月季花，为蔷薇科、蔷薇属植物，素有"花中皇后"之称。月季花花期特长，适应性广，是世界上最主要的切花和盆花之一。月季花茶采用的是夏季或秋季采摘的月季花花朵，以紫红色半开放花蕾、不散瓣、气味清香者为宜。

茶叶特点

外形： 外形饱满，鲜亮玫红。
气味： 月季清香。
手感： 平滑。
香气： 浓郁甜润。
汤色： 土黄清澈。
口感： 浓醇甘爽。
叶底： 嫩匀柔软。

功效

1.行血活血：月季花能消肿、解毒、止痒，适用于月经不调、闭经痛经、血瘀肿痛等症。

2.排毒养颜：月季花能抗衰老、润肌肤，常饮此茶可促进身体的新陈代谢。

冲泡

【茶具】带盖玻璃杯1个。

【方法】1.冲泡：将5克月季花茶放入玻璃杯中，冲入95－100℃的水，加盖冲泡。

2.品茶：待茶汤稍凉时，小口品饮，入口滋味浓醇甘爽，有浓浓的花香气味。

金银花茶 · 窖制花茶

产地：四川省。

金银花茶是一种新兴保健茶，茶汤芳香、甘凉可口。常饮此茶，有清热解毒、通经活络、护肤美容之功效。市场上的金银花茶有两种：一种是鲜金银花与少量绿茶拼和，按金银花茶窖制工艺窖制而成的金银花茶；另一种是用烘干或晒干的金银花干与绿茶拼和而成。

茶叶特点

外形：紧细匀直，灰绿光润。
气味：金银花香气。
手感：柔滑。
香气：清纯隽永。
汤色：黄绿明亮。
口感：醇厚甘爽。
叶底：嫩匀柔软。

功效

1.抗炎解毒：金银花茶对痈肿疔疮、肠痈肺痈有散痈消肿、清热解毒的作用。

2.疏热散邪：金银花茶对外感风热或温病初起，身热头痛、心烦少寐、神昏舌绛、咽干口燥等有一定缓解作用。

冲泡

【茶具】带盖透明玻璃杯1个。

【方法】1.冲泡：将3克金银花茶放入玻璃杯中，冲入95℃的水，盖上盖，冲泡3-5分钟。

2.品茶：开盖后闻香气，待茶汤稍凉时，小口品饮，金银花特有的香气令人沉醉。

洛神花·花草茶

产地：广东、广西、台湾、云南、福建等。

洛神花又称玫瑰茄、洛神葵、山茄等，广布于热带和亚热带地区，原产于西非、印度，目前在我国的广东、广西、福建、云南、台湾等地均有栽培。洛神花茶有美容、瘦身、降压之功效，很适合现代女性饮用。洛神花茶中含有的木槿酸对治疗心脏病、高血压等病症有一定疗效。

茶叶特点

外形：外形完整，透着鲜红。

气味：洛神花香。

手感：光滑，蓬松。

香气：淡淡酸味。

汤色：艳丽通红。

口感：微酸回甜。

叶底：叶底匀整。

功效

1.清热解暑：洛神花内含有人体所需氨基酸等成分，具有调节胃酸、清热、解暑的作用。

2.美容养颜：洛神花含有维生素C，有美容养颜的功效。

冲泡

【茶具】玻璃杯1个。

【方法】1.冲泡：将5克洛神花茶投入玻璃杯中，冲入95℃左右的水，加盖冲泡。

2.品茶：待茶汤稍稍凉时，适宜小口慢慢地品饮，初入口后有微酸之感，酸后回甜。